本书由辽宁科技大学学术专著出版基金资助出版

镁基(MgO – Al$_2$O$_3$ – SiO$_2$) 合成耐火材料

罗旭东　曲殿利　张国栋　编著

U0319173

北　京

冶金工业出版社

2014

内 容 提 要

本书在 $MgO-Al_2O_3$、$MgO-SiO_2$、$Al_2O_3-SiO_2$ 等二元体系材料基础上，提出以低品位菱镁矿为原料制备 $MgO-Al_2O_3-SiO_2$ 三元体系耐火材料的研究方法，通过固相反应合成 $MgO-Al_2O_3-SiO_2$ 镁质三元体系，研究了多种异类金属氧化物对合成 $MgO-Al_2O_3-SiO_2$ 系材料组成、结构的影响，还利用相对结晶度的研究方法分析了合成材料在高温固相反应烧结过程中液相性质的问题。本书还提出利用工业废弃物合成该类材料的方法，并分阶段叙述。

本书可供从事耐火材料科研、设计、生产和应用的工程技术人员阅读，也可供高等院校有关专业师生参考。

图书在版编目（CIP）数据

镁基（$MgO-Al_2O_3-SiO_2$）合成耐火材料/罗旭东，曲殿利，张国栋编著 . —北京：冶金工业出版社，2014.5
ISBN 978-7-5024-6590-2

Ⅰ.①镁…　Ⅱ.①罗…　②曲…　③张…　Ⅲ.①镁质耐火材料—合成材料　Ⅳ.①TQ175.71

中国版本图书馆 CIP 数据核字（2014）第 083157 号

出 版 人　谭学余
地　　址　北京北河沿大街嵩祝院北巷 39 号，邮编 100009
电　　话　（010）64027926　电子信箱　yjcbs@cnmip.com.cn
责任编辑　李　梅　贾怡雯　美术编辑　杨　帆　版式设计　孙跃红
责任校对　禹　蕊　责任印制　李玉山
ISBN 978-7-5024-6590-2
冶金工业出版社出版发行；各地新华书店经销；北京百善印刷厂印刷
2014 年 5 月第 1 版，2014 年 5 月第 1 次印刷
148mm×210mm；6.375 印张；187 千字；194 页
35.00 元

冶金工业出版社投稿电话：（010）64027932　投稿信箱：tougao@cnmip.com.cn
冶金工业出版社发行部　电话：（010）64044283　传真：（010）64027893
冶金书店　地址：北京东四西大街 46 号（100010）　电话：（010）65289081（兼传真）
（本书如有印装质量问题，本社发行部负责退换）

前　　言

　　镁基（MgO - Al$_2$O$_3$ - SiO$_2$）合成耐火材料是钢铁、水泥、有色金属等工业领域应用较多的一类耐火材料。虽然我国具有丰富的耐火原料资源，菱镁矿、矾土、石墨等资源储量稳居世界首位，但多年来的无序开采以及采富弃贫的资源利用传统模式使得目前我国耐火原料尤其是镁基合成耐火材料正在面临严重的资源危机。低品位菱镁矿资源的研究与开发作为缓解我国镁基合成耐火材料资源危机的有效途径，得到了广大科研人员的关注。

　　本书是作者在围绕低品位菱镁矿合成镁基耐火材料开展研究工作的基础上编写的，并针对 MgO - Al$_2$O$_3$ - SiO$_2$ 三元系统合成材料的组成、结构和性质进行了分析和讨论；通过对作者博士论文和博士后的部分研究工作进行归纳和总结，系统全面地对 MgO - Al$_2$O$_3$ - SiO$_2$ 三元系统合成耐火材料进行了论述，探索了一些新的研究方法，希望能够对从事耐火材料合成等相关专业的科研和教学人员提供一定借鉴。

　　书中内容从绪论、MgO - Al$_2$O$_3$、MgO - SiO$_2$、Al$_2$O$_3$ - SiO$_2$、MgO - Al$_2$O$_3$ - SiO$_2$ 系合成材料的组成与结构及工业废弃物合成 MgO - Al$_2$O$_3$ - SiO$_2$ 系材料分析与探索几个方面进行编排。绪论部分包括 MgO - Al$_2$O$_3$ - SiO$_2$ 系合成耐火材料的研究方法以及对合成耐火材料的影响因素。合成耐火材料的组成、结构及性质部分重点研究了固相反应合成立方晶系的镁铝尖晶石、正交晶系的镁橄榄石和莫来石、六方晶系的堇青石，以及添加剂对固相反应合成耐火材料相组成、微观结构尤其是液相性质的影响。工业废弃

物合成 $MgO-Al_2O_3-SiO_2$ 系材料部分包括利用低品位菱镁矿、用后镁碳砖、铁合金厂含铝废渣、铝型材厂铝泥、铝灰、天然硅石、硅灰等合成耐火材料。本书可供从事耐火材料研究、开发、设计、生产的工程技术人员阅读，也可供高等院校有关专业师生参考。

　　本书包括了罗旭东在导师曲殿利教授指导下的博士论文内容及对其所做的补充，还包含了作者在清华大学材料学院新型陶瓷与精细工艺国家重点实验室从事博士后期间的研究成果。感谢清华大学谢志鹏教授、北京科技大学孙加林教授对本书的审阅工作。在本书的编写过程中得到了辽宁科技大学无机非金属材料工程专业的老师和学生的大力支持和帮助，在此表示衷心的感谢。在博士课题研究期间，得到了辽宁科技大学高温材料与镁资源工程学院李志坚教授、陈树江教授、张玲教授和材料与冶金工程学院汪琦教授、刘海啸老师的无私帮助；在具体试验过程中得到了辽宁省镁质材料工程研究中心、辽宁科技大学无机材料工程中心及材料与冶金工程学院实验中心老师的热心帮助，在此深表感谢。限于作者水平，书中不足之处，敬请读者不吝赐教。

作　者
2014 年 2 月

目　　录

1 绪 论

1.1 镁基（MgO – Al₂O₃ – SiO₂）合成耐火材料原料现状

耐火材料作为钢铁冶金、水泥、玻璃等高温行业重要的基础材料，在高温技术持续发展的时代得到了快速进步。而镁基（MgO – Al₂O₃ – SiO₂）合成耐火材料作为耐火材料的重要组成部分，广泛应用于碱性转炉炼钢、钢水炉外精炼等钢铁冶金领域及陶瓷领域，其中洁净钢及炉外精炼技术的不断发展也促进了镁基合成耐火材料的研发与应用，如镁铝尖晶石材料在 LF 和 RH 精炼及炼钢工业中广泛应用。镁基合成耐火材料作为该领域应用的重要研究方向之一，具有良好的抗侵蚀性和热震稳定性[1,2]。

我国具有丰富的耐火原料资源. 菱镁矿、矾土、石墨等资源储量稳居世界首位，但多年来的无序开采以及采富弃贫的资源利用传统模式使得目前我国耐火原料面临严重的资源危机[3]。镁基合成耐火材料的原料资源正在受到原料品位低、成本高等因素的影响。镁铝尖晶石、镁橄榄石及堇青石作为冶金、陶瓷等行业广泛使用的镁基合成耐火材料，每年消耗量巨大，其合成原料普遍采用高品位菱镁矿，而高品位菱镁矿资源匮乏，逐渐制约着镁铝尖晶石、镁橄榄石及堇青石材料的研究与应用。如何采用低品位菱镁矿，尤其是菱镁矿风化石合成制备冶金行业广泛使用的典型镁基合成耐火材料是本书探讨的重点和关键。

低品位菱镁矿资源的研究与开发作为缓解我国镁质耐火原料资源危机的有效途径，得到了广大科研人员的关注。菱镁矿风化石作为典型的低品位菱镁矿，具有强度低、储量大、分布广等特点，因此提高菱镁矿风化石利用率和利用价值一直是低品位矿物利用领域的重要课题[4,5]。

菱镁矿是碳酸镁（MgCO₃）的矿物名称，工业矿物和岩石范畴的菱镁矿主要是指由晶质及非晶质菱镁矿矿物组成，能为工业所利用的碳酸盐岩石。我国菱镁矿资源丰富，品位高，储量约为 31 亿吨，大约占世界菱镁矿总储量的 25% ~ 30%。辽宁地区储量 25.77 亿吨，约占全国总量的 85%[6]。

菱镁矿矿床成因主要可分为三大类：沉积变质型、风化残积型和热液交代型矿床。沉积变质型矿床是我国菱镁矿成矿的主要矿床类型，分布于古老结晶片岩出露地区。国内生产利用的菱镁矿绝大部分采自此类型矿床的矿体（约占 99%）。矿床规模大，集中分布在辽宁省和山东省。该类矿床在成矿过程中，各处成矿环境的差异使菱镁矿矿体形成不同结构构造状态：薄层状、致密块状、放射状和条带状。薄层状矿体的特点是，菱镁矿结晶时受层理控制，沿层理发育，往往在层理上有滑石或碳质薄膜；致密块状矿体的特点是，菱镁矿结晶时在较大空间形成细、中粒结晶，致密坚硬，有时可见缝合线和叠层面；放射状矿体的特点是，菱镁矿结晶程度好，晶体粗大，晶面有条纹，晶体成放射状和菊花状，多为粗粒和巨粒菱镁矿，品位高；条带状矿体的特点是，成矿过程中受围岩和热液的影响生成条带状构造，条带黑白相间，品位较低。以晶质菱镁矿石为例，主要化学成分为 MgO，次要成分为 CaO、SiO_2、Fe_2O_3、Al_2O_3。辽宁地区晶质菱镁矿的矿物组成中主要是菱镁矿，另外含有多种杂质，主要杂质为白云石和滑石，晶质菱镁矿矿物成分及性质见表 1 - 1。

表 1 - 1　晶质菱镁矿矿物成分及性质

矿物	化学式	物理性质	莫氏硬度	分解温度/℃
菱镁矿	$MgCO_3$	白色或浅黄白色、灰白色	4 ~ 4.5	640（开始）
白云石	$MgCO_3 \cdot CaCO_3$	白色、淡黄色、灰色	3.5 ~ 4	730 ~ 830
滑石	$3MgO \cdot 4SiO_2 \cdot H_2O$	白色或浅色	1	1543（熔融）
铁菱镁矿	$MgCO_3 \cdot FeCO_3$	灰白或黄白色，风化后呈褐色	4	400 ~ 620
绢云母	$K_2O \cdot 3Al_2O_3 \cdot 6SiO_2 \cdot 2H_2O$	灰色、紫玫瑰色或白色	2 ~ 3	500（脱水）
褐铁矿	$Fe_2O_3 \cdot nH_2O$	褐黑色、黄褐色	1 ~ 4	—

根据原冶金工业部颁布标准 YB 321—81，适用于耐火材料、烧结熔剂及提炼金属镁用的菱镁矿，按化学组成分为表 1 - 2 所示品级。

表 1 - 2　菱镁矿的分类

级　别	所含化学成分质量分数/%		
	MgO	CaO	SiO₂
特级品	≥47	≤0.6	≤0.6
一级品	≥46	≤0.8	≤1.2
二级品	≥45	≤1.5	≤1.5
三级品	≥43	≤1.5	≤3.5
四级品	≥41	≤6	≤2
五级品	≥33	≤6	≤4

镁基合成耐火材料涉及经济发展和社会进步的多个工业和产品领域，目前菱镁矿开发过程中的问题，可通过对菱镁矿资源的分级开采、分别利用，在合理范围内有效地利用有限的资源等方式解决。其具体的解决途径应包括：（1）实现菱镁矿资源的优质优用，努力做到"物尽其用"，大大提高菱镁矿资源利用率，这样既能提高企业的经济效益，又可以有效地延长矿山的开采和使用年限；（2）在现有行业发展的基础上，加快设备的更新，提高行业装备水平，生产设备向大型化、自动化和低能耗的方向发展；（3）加强信息传递与交流，研究开发新产品，促进整个菱镁矿行业的健康可持续发展；（4）解决高品位菱镁矿资源短缺的问题，提高菱镁矿资源利用率，加强对中低品位菱镁矿的综合利用研究[4,5]。

1.2　镁基（MgO - Al₂O₃ - SiO₂）合成耐火材料的研究方法

以菱镁矿为主要原料的镁质耐火原料一般包括轻烧氧化镁、烧结镁砂、电熔镁砂，镁质合成类耐火原料一般包括镁铝尖晶石、镁铬尖晶石、镁橄榄石砂、镁锆砂、合成镁钙砂、堇青石、镁钙锆砂等。

（1）轻烧氧化镁。轻烧氧化镁是用菱镁矿焙烧加工后得到的产品，在矿业、冶金、化工、农业、轻工、环境保护等行业得到了广泛应用。菱镁矿焙烧设备一般为反射窑、沸腾窑、悬浮窑或回转窑。轻烧氧化镁质地疏松，化学活性大，具有较高的比表面积，易与水反应，其水化物易在空气中硬化。由于轻烧氧化镁中含杂质不同，其活性、比表面能等性质有所不同。表 1-3 为不同档次轻烧氧化镁粉的分类情况说明[7]。

轻烧氧化镁的主晶相为方镁石，它以微晶形式存在。方镁石为等轴晶系，其结构属于 NaCl 型。方镁石晶体晶格常数为 0.42nm，Mg^{2+} 与 O^{2-} 以离子键结合，其静电强度相等，晶体结构稳定。方镁石常呈立方体、八面体或不规则粒状，立方体解理完全，密度 $3.56 \sim 3.65 g/cm^3$，莫氏硬度 5.5，熔点 2800℃，在 1800～2400℃ 显著挥发[8]。

表 1-3 轻烧氧化镁的分类

牌号	级别	所含化学成分的质量分数/%			
		MgO	SiO₂	CaO	IL
QM-96	—	≥96	≤0.5	≤1.0	≤2.0
QM-95	—	≥95	≤1.0	≤1.5	≤3.0
QM-94		≥94	≤2.0	≤2.0	≤4.0
QM-92		≥42	≤3.0	≤2.0	≤5.0
QM-90	a/b	≥90	≤4.0	≤2.0／≤2.5	≤6.0
QM-87	a/b	≥87	≤5.0	≤2.0／≤3.5	≤7.0
QM-85	a/b	≥85	≤6.0	≤2.0／≤4.0	≤8.0
QM-80	a/b	≥80	≤8.0	≤2.0／≤6.0	≤10.0
QM-75	a/b	≥75	≤10.0	≤2.0／≤8.0	≤12.0

（2）烧结镁砂。将天然菱镁石或轻烧氧化镁在回转窑或竖窑中于 1500～2300℃温度范围内煅烧，使氧化镁晶体长大和致密化，转变为几乎呈惰性的烧结镁砂，亦称为重烧镁砂。由于菱镁矿石在煅烧过程中存在母盐假象，即碳酸镁分解后形成方镁石的微晶聚合体，

这种仍残留着母体菱镁矿的结晶构造使氧化镁很难实现进一步致密化，纯净的菱镁矿欲实现烧结，煅烧温度应在2000℃以上。普通菱镁矿的最终烧结温度取决于原料的结晶特征及杂质的种类和数量，一般在1450～1700℃可以达到烧结。

为了实现氧化镁的充分烧结，目前普遍采用轻烧氧化镁细磨的方法，来破坏轻烧氧化镁的假象晶格，并采用高压成型和提高煅烧温度及引入微量添加物等工艺措施来消除母盐假象的影响，促进煅烧产物致密化。表1-4为烧结镁砂理化指标。

表1-4　烧结镁砂理化指标

指标型号	MgO 质量分数/%	SiO₂ 质量分数/%	CaO 质量分数/%	CaO 与 SiO₂ 物质的量比	颗粒体积密度/g·cm⁻³
MS98A	≥97.7	≤0.3		≥3	≥3.4
MS98B	≥97.7	≤0.4		≥2	≥3.35
MS98C	≥97.5	≤0.4		≥2	≥3.3
MS97A	≥97	≤0.5		≥2	≥3.4
MS97B	≥97	≤0.6		≥2	≥3.35
MS97C	≥97	≤0.8			≥3.3
MS96A	≥96	≤1			≥3.3
MS96B	≥96	≤1.5			≥3.25
MS95A	≥95	≤2	≤1.6		≥3.25
MS95B	≥95	≤2.2	≤1.6		≥3.2
MS93A	≥93	≤3	≤1.6		≥3.2
MS93B	≥93	≤3.5	≤1.6		≥3.18
NS90A	≥90	≤4	≤1.6		≥3.2
NS90B	≥90	≤4.8	≤2		≥3.18

（3）电熔镁砂。电熔镁砂又称电熔氧化镁，除作为耐火材料高技术产品的原料外，还应用于电力工业，航天工业和核工业等。与烧结镁砂相比，电熔镁砂多选用高品位天然菱镁矿和轻烧氧化镁，在高温电弧炉内加热熔融，熔体自然冷却，主晶相方镁石首先自熔

体中自由析晶，结晶长大，晶粒发育良好，晶体粗大，直接结合程度高，结构致密。这一结构特点使电熔镁砂比烧结镁砂更耐高温，氧化气氛中，能在 2300℃ 以下保持稳定，高温结构强度，抗渣性和常温下抗水化性均较烧结镁砂优越。表 1-5 为电熔镁砂理化指标。

表1-5 电熔镁砂理化指标

牌 号	MgO 质量分数/%	SiO₂ 质量分数/%	CaO 质量分数/%	颗粒体积密度/g·cm⁻³
DMS-98	≥98	≤0.6	≤1.2	3.50
DMS-97.5	≥97.5	≤1.0	≤1.4	3.45
DMS-97	≥97	≤1.5	≤1.5	3.45
DMS-96	≥96	≤2.2	≤2.0	3.45

电熔镁砂和烧结镁砂主成分是 MgO，主要的杂质成分 CaO、SiO₂，次要杂质成分是 Fe_2O_3 和 Al_2O_3。镁砂矿物组成随 $n(CaO)/n(SiO_2)$ 比不同而改变，其变化规律如表 1-6 所示。

表1-6 $MgO-CaO-Fe_2O_3-Al_2O_3-SiO_2$ 系与 MgO 共存的矿物

组合	$n(CaO)/n(SiO_2)$	共存矿物	化学式	缩写	熔点或分解温度/℃
(1)	<1.0	方镁石	MgO	M	2800
		镁橄榄石	$2MgO \cdot SiO_2$	M_2S	1890
		钙镁橄榄石	$CaO \cdot MgO \cdot SiO_2$	CMS	1498（分解）
		铁酸镁	$MgO \cdot Fe_2O_3$	MF	1720（分解）
		镁铝尖晶石	$MgO \cdot Al_2O_3$	MA	2135
(2)	1.0~1.5	方镁石	MgO	M	1575（分解）
		钙镁橄榄石	$CaO \cdot MgO \cdot SiO_2$	CMS	
		镁硅钙石	$3CaO \cdot MgO \cdot 2SiO_2$	C_3MS_2	
		铁酸镁	$MgO \cdot Fe_2O_3$	MF	
		镁铝尖晶石	$MgO \cdot Al_2O_3$	MA	
(3)	1.5~2.0	方镁石	MgO	M	2130
		镁硅钙石	$3CaO \cdot MgO \cdot 2SiO_2$	C_3MS_2	
		硅酸二钙	$2CaO \cdot SiO_2$	C_2S	
		铁酸镁	$MgO \cdot Fe_2O_3$	MF	
		镁铝尖晶石	$MgO \cdot Al_2O_3$	MA	

组合	$n(CaO)/n(SiO_2)$	共存矿物	化学式	缩写	熔点或分解温度/℃
(4)	2.0	方镁石	MgO	M	2800
		硅酸二钙	$2CaO \cdot SiO_2$	C_2S	2130
		铁酸镁	$MgO \cdot Fe_2O_3$	MF	1720（分解）
		镁铝尖晶石	$MgO \cdot Al_2O_3$	MA	2135

（4）镁铝尖晶石。镁铝尖晶石砂具有良好的高温性能，但天然储量极少，工业用镁铝尖晶石砂多为人工合成法制取。用含 MgO 和 Al_2O_3 的原料合成镁铝尖晶石砂的方法有烧结法和电熔法，当尖晶石的质量分数在制品中不超过 15% 时，也可以按尖晶石的组成和在制品中的含量配料，在制品的烧成过程中直接形成尖晶石。

烧结法合成镁铝尖晶石砂：烧结法合成镁铝尖晶石砂的含 Al_2O_3 原料可以是氢氧化铝、烧结氧化铝、板状氧化铝和铝矾土等。含 MgO 原料则可以采用碳酸镁、氢氧化镁、轻烧镁粉和烧结氧化镁等。将原料按要求组成配料，共同细磨，压球（坯），于 1750℃ 以上的回转窑或竖窑中高温煅烧，即得烧结合成镁铝尖晶石。烧结法合成镁铝尖晶石砂，由于合成原料总含量有 SiO_2、CaO、Fe_2O_3 等杂质，所以在合成砂中除主晶相 $MgAl_2O_4$ 外，常含有 Mg_2SiO_4、$CaMgSiO_4$ 等矿物和多余的 Al_2O_3（富铝）或 MgO（富镁）。我国生产烧结镁铝尖晶石砂理化指标见表 1-7。

表 1-7　烧结镁铝尖晶石砂理化指标

牌　号	所含化学成分的质量分数/%			体积密度/g·cm⁻³	粒度组成
	Al_2O_3	MgO	SiO_2		
HMAS-75	74~76	22~24	≤0.20	≥3.25	0~30mm，其中小于 1mm 者的质量分数不超过 5%
HMAS-65	64~66	32~34	≤0.25	≥3.20	
MAS-58	58~62	28~32	≤4.00	≥3.00	
MAS-54	54~56	34~36	≤3.50	≥3.15	
HMAS-50	49~51	47~49	≤0.35	≥3.25	

电熔镁铝尖晶石砂：电熔法合成尖晶石砂，可以选用各种纯度的含铝含镁原料。在合成尖晶石的配料中 MgO 的质量分数一般在 35%~50% 范围内，MgO 含量过高或过低对合成砂的熔化都不利，由于黏度高，熔体难以浇注。而加入铬矿则对熔体的熔化和浇注都有益。配制的混合料可以在倾动式电炉或旋涡熔化炉中熔化。旋涡式熔化炉可以熔制各种配方的电熔尖晶石，它是将选定比例的混合料在该炉内加热到高于熔化温度 150~250℃（熔池内的极限温度为 2300℃），所以可熔炼熔点不高于 2100~2150℃ 的材料。电熔块的不同位置，其结构是不同的。一般在上部和周边的蜂窝形气孔数量多，其中符合尖晶石理论组成的熔块气孔率最大，但含有过量的 MgO 或 Cr_2O_3（以铬矿形式加入）熔块的气孔率较低。因此，生产电熔尖晶石砂的工艺的关键是如何获得具有均匀结构的产品，同时适当排除气孔以减少产品的气孔率偏折。另外，加入 Cr_2O_3 还可以提高熔融材料的耐高温性能。

一般尖晶石熔块的尖晶石的质量分数在 80%~90% 以上，其余为硅酸盐和玻璃状物质。尖晶石熔块中，高于最低共熔点温度下结晶的无杂质尖晶石称为一次尖晶石，而在低于最低共熔点温度下析出的尖晶石（有方镁石夹杂）固溶体称二次尖晶石。通常二次尖晶石在熔块上部结晶，而一次尖晶石则主要在熔块下部结晶。

无 Cr_2O_3 电熔尖晶石的晶格参数同正常尖晶石相近，加 Cr_2O_3 时则发现晶格明显畸变，表明 Cr_2O_3 按置换型固溶体溶于尖晶石晶格之中。通过控制出炉体的冷却速度，可以制得结晶程度不同的电熔尖晶石。用结构缺陷较高的尖晶石生产镁尖晶石制品时可以保证在烧成时具有所要求的烧结活性。

（5）镁铬尖晶石。镁铬尖晶石指以天然含镁原料菱镁石、轻烧镁粉或烧结镁砂与铬铁矿为原料，按设计要求配比，经细磨，压球，高温煅烧或经电熔合成的镁铬尖晶石砂。耐火材料所用的铬矿属于铝铬铁矿（MgFe）（CrAl）$_2O_4$ 型，一般 Cr_2O_3 质量分数为 30%~60%，铁的氧化物（按 Fe_2O_3 计）质量分数要求小于 14%，SiO_2、CaO 等杂质含量应尽量少，以减少铁尖晶石类和铁铝酸四钙

（4CaO·Al$_2$O$_3$·Fe$_2$O$_3$）等低熔矿物的生成。人工合成的镁铬尖晶石砂一般通过烧结法和电熔法合成。

烧结法合成镁铬砂：制造合成镁铬砂的原料有菱镁石、海水镁砂或轻烧镁粉及铬精矿石。选择含镁原料要求 MgO 含量高，SiO$_2$、Al$_2$O$_3$、Fe$_2$O$_3$ 等含量要低。铬矿应精选，使 SiO$_2$ 含量降低到 2.5% 以下。合成镁铬砂的质量与选用的初始原料纯度、配比、细磨粒度、压球密度、煅烧温度（1700 ~ 1900℃）等因素有关。

电熔法合成镁铬砂：电熔法合成镁铬砂是将含镁原料与铬铁矿按要求配料，在电弧炉内熔炼而成。生产中按原料的特点，其配料方式有三种，一是将菱镁石和铬铁矿块料直接混合入炉。二是轻烧镁粉、铬铁矿细粒，以卤水为结合剂，混合压制成球（坯），经干燥后入炉。三是轻烧镁粉与铬铁矿均匀混合后直接入炉。我国辽南、洛阳等地一些厂家有工业化生成电熔镁铬砂。表 1 - 8 为我国对电熔镁铬砂的技术要求。

表 1 - 8　我国电熔镁铬砂的行业标准（各牌号按 Fe$_2$O$_3$ 含量分 a、b 两级）

指标 牌号	MgO 质量 分数/%	SiO$_2$ 质量 分数/%	CaO 质量 分数/%	Fe$_2$O$_3$ 质量 分数/%	Cr$_2$O$_3$ 质量 分数/%	颗粒体积密度 /g·cm^{-3}
FMCS - 15a/b	≥68	≤1.0	≤1.0	≤7/9	≥15	≥3.60
FMCS - 18a/b	≥65	≤1.1	≤1.1	≤8/10	≥18	≥3.70
FMCS - 20a/b	≥60	≤1.2	≤1.2	≤8/11	≥20	≥3.70
FMCS - 25a/b	≥50	≤1.3	≤1.3	≤10/13	≥25	≥3.75
FMCS - 30a/b	≥42	≤1.4	≤1.4	≤11/14	≥30	≥3.75

（6）镁橄榄石砂。镁橄榄石在自然界有天然矿床，自然界中的橄榄岩除主成分橄榄石外，有时还含有少量角闪石、尖晶石、磁铁矿、铬铁矿等。颜色为橄榄绿色、黄色，含铁愈多，颜色愈深，有时呈墨绿色、灰色、灰黑色。它是不含水硅酸盐，硬度 6 ~ 7，密度 3.2 ~ 4.0g/cm^3。橄榄岩受风化作用，转变成蛇纹岩及含蛇纹岩橄榄岩。表 1 - 9 为我国各地镁橄榄石矿原料性质。

表 1-9　我国各地橄榄岩原料性质及化学成分

产　地	化学成分质量分数/%						灼减	密度/g·cm^{-3}	耐火度/℃
	SiO$_2$	MgO	Fe$_2$O$_3$	Al$_2$O$_3$	CaO	Cr$_2$O$_3$			
宜昌	32.29	48.05	9.46	0.40	0.66	1.00	2.64	3.11	>1770
陕西	37.84	42.49	9.81	0.13	1.17	1.86	5.90	—	1730~1750
内蒙古	32.40	41.68	5.33	3.52	0.63	0.63~0.76	15.61	2.58	1710
承德	34.70	41.38	8.03	0.28	0.11	0.23	14.77	—	1690~1730

（7）镁锆砂。将 ZrO$_2$ 引入镁砂中制得 MgO – ZrO$_2$ 复合的耐火原料——镁锆砂。镁锆砂与镁砂相比，其制品的高温结构强度，热震稳定性，抗渣浸蚀性能及渗透能力等都得到改善。自 20 世纪 90 年代以来，成为耐火材料工作者关注的研究课题之一。

ZrO$_2$ 熔点约 2750℃，镁砂中引入 ZrO$_2$ 对镁砂性能的影响，应主要体现在 ZrO$_2$ 与镁砂中的主成分 MgO 及杂质成分 CaO、SiO$_2$ 等之间的熔融关系上。研究表明，ZrO$_2$ 能改变烧结镁砂中的相结构和相分布。首先，在 MgO – ZrO$_2$ 二元系中，不存在任何化合物，两者的最低共熔温度高达 2070℃。高温下 MgO 可以部分固溶到 ZrO$_2$ 中，形成稳定的立方 ZrO$_2$ 固溶体；而在富含 MgO 的材料中，ZrO$_2$ 即使在高温下也很少进入 MgO 中形成固溶体。因此，镁锆砂中的 ZrO$_2$ 通常总是作为第二固相孤立于方镁石晶粒之间，降低方镁石晶粒间晶界能，提高界面液相二面角，使得硅酸盐相不会像无第二固相存在时那样将方镁石包裹起来，而变得更为孤立，有助于实现方镁石晶粒间的直接结合。众所周知，ZrO$_2$ 自身对熔渣的润湿性也很差，在方镁石晶粒之间也成为抵御熔渣向晶粒间渗透的"卫士"。其次，在 CaO – ZrO$_2$ 二元系中，按 $n(CaO)/n(ZrO_2)$ =1:1 形成一化合物锆酸钙 CaZrO$_3$，熔点在 2300℃ 以上，高熔点 CaZrO$_3$ 的出现改变了硅酸盐相的构成，使得 CaO 的熔剂作用受到限制，以至于无足轻重，而即使少量 ZrO$_2$ 进入液相，也使液相变得更具黏弹性，这些都有助于改善镁砂的高温结构强度、抗热震性和抗渣性。

另外，在 ZrO$_2$ – SiO$_2$ 二元系中，有一化合物 ZrSiO$_4$（锆英石）。锆英石本身为一天然化合物，熔点 2340~2550℃ 之间，但它在 1500~

1650℃之间分解（ZrSiO$_4$→ZrO$_2$＋SiO$_2$），分解产物 ZrO$_2$ 为单斜晶相，SiO$_2$ 为无定形玻璃相，冷却又会形成锆英石。但如果系统中有 CaO 存在，在 MgO－CaO－ZrO$_2$－SiO$_2$ 体系中，开始出现液相温度为 1485℃，因此，在 MgO－ZrO$_2$ 体系中，CaO、SiO$_2$ 共存依然是有害的。

1.3　镁基（MgO－Al$_2$O$_3$－SiO$_2$）合成耐火材料的影响因素

烧结是指坯体在一定的高温条件下，内部通过一系列的物理化学过程，使材料获得一定密度、显微结构、强度和其他性能的一个过程。烧结是材料制备过程中最重要的一个环节。烧结过程一般包括三个阶段：烧结初期、烧结中期和烧结后期。

（1）烧结初期：根据 Coble 的定义，烧结初期，颗粒黏结，颗粒间接触点通过成核、结晶长大等过程形成烧结颈。在这个阶段，颗粒内的晶粒不发生变化，颗粒的外形基本保持不变，整个烧结体没有收缩，密度增加极小。烧结初期对致密化的贡献很小。

（2）烧结中期：烧结颈长大，原子向颗粒结合面迁移使烧结颈扩大，颗粒间间距缩短，形成连续的孔隙网络。随着颗粒长大，晶界和孔隙的移动或越过孔隙使之残留于晶粒内部。该阶段烧结体的密度和强度增加。

（3）烧结后期：孔隙球化或缩小，烧结体密度达到理论密度的 90%。此时，大多数孔隙被分割，晶界上的物质继续向气孔扩散填充，致密化继续进行，晶粒也继续长大。这个阶段烧结体主要通过小孔隙的消失和孔隙数量的减少来实现收缩，收缩比较缓慢。高度分散的粉末颗粒具有很大的表面能，烧结后则由结晶代替。表面的自由焓大于晶界自由焓就成为烧结的驱动力，在这样的驱动力下必然伴随物质的迁移，但是同样的表面张力下，物质的迁移却各不相同[9]。

无机材料的固相烧结主要通过扩散传质和液相传质两种传质方式。粉末坯体在高温烧结时会出现热缺陷，颗粒各个部位的缺陷浓度有一定差异。颗粒表面或颗粒界面上的原子和离子排列不规则，活性较强，导致表面与界面上的空位浓度较晶粒内部大。而颗粒相互接触的颈部，可以看成是空位的发源地。因此，在颈部、晶界、表面及晶粒内部之间存在空位浓度梯度。空位浓度梯度的存在使结构基元定向迁移。一般结构基元由晶粒内部通过表面和晶界向颈部迁移，而空位则进行反方向迁移。扩散传质从传质模型上分析，主要包括表面物质的表面扩散和晶格扩散、晶界物质的晶界扩散和晶格扩散以及位错位置的晶格扩散。基于扩散传质分析，扩散传质的推动力就是源于表面张力的不均匀分布。

液相传质在无机材料的固相反应烧结过程中是不可避免要出现的。在具有活泼液相的烧结系统中，液相所起到的作用不仅仅是利用表面张力将两个固相颗粒拉近和拉紧，而且对烧结过程中固相在液相中的溶解和在液相中析出过程具有意义。液相传质过程中"溶解－沉淀"的必要条件是有一定数量的液相，同时固相在液相中具有显著的溶解度，液相能够润湿固相。烧结的致密化驱动力来自于固相颗粒间液相的毛细管压力。液相烧结过程中在毛细管压力的推动下，颗粒相对移动和重排；颗粒间的接触点具有较高的局部应力，导致塑性变形和蠕变，促使颗粒进一步重排；颗粒间存在的液相使颗粒互相压紧，提高了固相在液相中的溶解度，较小的颗粒溶解，在较大的颗粒表面上沉淀。在晶粒长大和形变的过程中，颗粒也不断地进行重排，颗粒中心互相靠近而产生收缩[9]。

从以上传质机理分析看来，对于无机材料的合成，尤其是耐火原料合成过程中基本都包含以上传质过程。当烧结处于较低温度时，发生了没有液相参与的扩散传质。而烧结达到一定温度后，由于杂质及添加剂的加入，固相颗粒的晶界处出现部分液相削弱了扩散传质的程度。传质方式由扩散传质逐渐演变成了液相传质，以溶解－沉淀传质为主。

（1）反应物化学组成与结构的影响。反应物化学组成与结构是影响固相反应的内因，是决定反应方向和反应速率的重要因素。从热力学角度看，在一定温度、压力条件下，反应可能进行的方向是自由能减少（$\Delta G < 0$）的方向，而且 ΔG 的负值越大，反应的热力学推动力也越大。从结构的观点看，反应物的结构状态质点间的化学键性质以及各种缺陷的多少都将对反应速率产生影响。

（2）反应物颗粒尺寸及分布的影响。反应物颗粒尺寸对反应速率的影响，首先一方面在杨德尔、金斯特林格动力学方程式中明显地得到反映。反应速率常数 K 值反比于颗粒半径平方。因此，在其他条件不变的情况下，反应速率受到颗粒尺寸大小的强烈影响。颗粒尺寸大小对反应速率影响的另一方面是通过改变反应截面和扩散截面以及改变颗粒表面结构等效应来完成的，颗粒尺寸越小，反应体现比表面积越大，反应截面和扩散截面也相应增加，因此反应速率增大，键强分布曲线变平，弱键比例增加，故而使反应和扩散能力增强。

（3）烧结温度和保温时间的影响。无机材料合成过程多是固相反应过程，随着温度的升高，晶体内部产生热缺陷，其浓度不断增加，使得粒子的扩散速度和固相反应速度不断加快。因此，温度越高越有利于材料的合成反应[10]。

从公式（1－1）及公式（1－2）得到上述结论。由公式（1－1）可知，温度升高，$\exp(-Q/RT)$ 值变大，扩散速度系数随之增大，即粒子扩散速度加快，反应速度也相应增加。由公式（1－2）可知，温度升高，$\exp(-G_R/RT)$ 值增大，反应速度常数也变大，则反应速度加快[11]。

$$D = D_0\exp(-Q/RT) \qquad (1-1)$$

式中，D 为扩散速度系数；D_0 为扩散常数；Q 为单个原子的扩散激活能；R 为玻耳兹曼常数；T 为绝对温度。

$$K = A\exp(-G_R/RT) \qquad (1-2)$$

式中，K 为反应速度常数；A 为特征常数；G_R 为反应自由能；R 为玻耳兹曼常数；T 为绝对温度。

在合适的烧成温度下延长保温时间，有利于晶体发育，保温时间的长短，与晶粒的大小有关。一般而言，一定范围内保温时间越长，晶粒发育越完善[12]。

也可以通过添加添加剂来提高固相反应离子的扩散速度，其中最重要的方式就是将添加剂加入合成物中形成结构缺陷来提高固相反应的速度。同时在合成物结构中形成一定程度的液相来加快离子交换的速度。可以看出影响此类固相反应速度的主要原因应包括以下几方面：反应物固相的表面积和反应物间的接触面积；生成物结构中缺陷数量；结构中液相数量；物相间反应物离子扩散速率。

（4）矿化剂及其他影响因素。在固相反应体系中加入的少量非反应物质或某些可能存在于原料中的杂质，常会对反应产生特殊的作用（这些物质常被称为矿化剂，它们在反应过程中不与反应物或反应产物起化学反应，但它们以不同的方式和程度影响着反应的某些环节）。实验表明矿化剂可以产生影响晶核的生成速率、影响结晶速率及晶格结构、降低体系共熔点及改善液相性质等作用。例如在 Na_2CO_3 和 Fe_2O_3 反应体系加入 NaCl，可使反应转化率提高 0.5~0.6 倍之多。而且颗粒尺寸越大，这种矿化效果越明显。又例如在硅砖中加入 1% ~3% $[Fe_2O_3 + Ca(OH)_2]$ 作为矿化剂，能使其大部分 α - 石英不断熔解且同时不断析出 α - 鳞石英，从而促使 α - 石英向鳞石英的转化。矿化剂的一般矿化机理是复杂多样的，可因反应体系的不同而完全不同，但可以认为矿化剂总是以某种方式参与到固相反应过程中去的[13]。

2 MgO – Al₂O₃ 系合成材料的组成、结构及性质

2.1 MgO – Al₂O₃ 系二元系统相图

图 2 – 1 为氧化镁 – 氧化铝二元系统相图。镁铝尖晶石固溶体熔点为 2135℃。在镁铝尖晶石固溶体理论组成的两侧有两个低共熔点，MgO 侧的低共熔点组成为 MgO 45%，Al₂O₃ 55%，Al₂O₃ 侧的低共熔点组成为 Al₂O₃ 97%，MgO 3%，其低共熔温度分别为 2050℃ 和 1925℃。由于 MgO 和 Al₂O₃ 反应生成尖晶石，有 5% ~ 8% 的体积膨胀，给镁铝尖晶石合成过程的致密化带来一定困难。镁铝尖晶石的合成属于固相反应，可看成较大半径的氧离子做紧密堆积，而较小半径的镁离子和铝离子在固定的氧离子紧密堆积的框架下相互扩散。

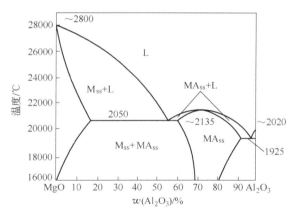

图 2 – 1　氧化镁 – 氧化铝二元相图

国内外关于利用不同原料合成制备镁铝尖晶石的研究较多。Sarkar 等研究随着氧化铝煅烧温度的增加，氧化铝基体致密程度增大，但在低温条件下没有显著改变合成镁铝尖晶石的烧结致密性，

氧化铝烧结温度的增加不利于合成镁铝尖晶石高温强度的提高[14]。Tripathi 等研究氧化镁反应活性对合成镁铝尖晶石烧结致密性的影响，选用中国镁砂和印度氧化铝反应合成镁铝尖晶石，最终在1650～1750℃间大量形成。煅烧温度增加、较小的原料粒度及较大的比表面积原料都会促进合成烧结镁铝尖晶石致密度提高[15]。Mackenzie 等研究不同镁源对合成镁铝尖晶石烧结性能的差别，以氢氧化镁为镁源通过机械活化后850℃煅烧可以形成镁铝尖晶石，而未经过机械活化处理的氢氧化镁在1250℃才出现少量镁铝尖晶石。与采用水镁石为镁源制备镁铝尖晶石相比，在1400～1600℃之间，水镁石表现出更好的烧结性能，当烧结温度在1600℃时，以水镁石为镁源制备的镁铝尖晶石体积密度达到理论密度的97%，而以氢氧化镁为镁源制备的镁铝尖晶石体积密度为理论密度的72%[16]。Reverón 等研究利用三水铝矿和重烧镁砂为原料制备镁铝尖晶石前躯体。热处理温度为500℃时，前躯体形成无定形状镁铝尖晶石，直到热处理温度达到800℃，无定形镁铝尖晶石开始完整结晶，当热处理温度为1200℃时，合成镁铝尖晶石密度达到理论密度的83%[17]。李楠等研究的同质多晶氧化铝 α - Al₂O₃、β - Al₂O₃、γ - Al₂O₃ 对镁铝尖晶石合成的影响发现 γ - Al₂O₃ 与镁铝尖晶石结构相近，形成镁铝尖晶石的反应烧结性最好，较低温度形成镁铝尖晶石晶粒，温度增加促进镁铝尖晶石晶粒发育[18]。于岩等利用铝厂污泥和碱式碳酸镁合成制备镁铝尖晶石的研究表明，随着烧成温度的增加，镁铝尖晶石相的量逐渐增加，当烧成温度达到1550℃时，镁铝尖晶石含量达到96%，最佳的保温时间是3h[19,20]。

添加剂对合成制备镁铝尖晶石材料的相关报道，如 Alvarez 等研究了氯化锂对低温合成制备镁铝尖晶石的影响发现，镁铝尖晶石的形成机理是 Mg^{2+} 离子扩散进入到氧化铝颗粒结构中，然后进行结构重排形成镁铝尖晶石结构。氯化锂和氯化镁高温气化形成的气相转移提高了反应物的反应动力。Li^+ 的固溶作用形成的空位提高了离子迁移率，减少了镁铝尖晶石晶粒长大的能量消耗[21]。于岩等研究发现在合成镁铝尖晶石过程中，氧化钛的最佳添加量为2%，生成的镁铝尖晶石量最大[22,23]。Lodha 等研究认为 Sn^{4+} 对以镁砂和工业氧化铝为原料合成镁铝尖晶石烧结性能的影响是，当温度升高到 1600 ~ 1800℃时，镁铝尖晶石中会出现镁锡尖晶石单晶固溶现象，镁铝尖晶石晶格常数呈现为"膨胀"趋势[24]。吴任平等研究的氧化铁、氧化钒和氧化铬对合成镁铝尖晶石的影响表明，对于以铝泥为原料合成的镁铝尖晶石材料最佳的氧化铁加入量为 2%，氧化铁与氧化镁形成的铁铝尖晶石固溶在镁铝尖晶石中，而氧化钒的最佳加入量为 3%，氧化钒对镁铝尖晶石的晶格常数影响较小，氧化铬的最佳加入量为 2%，适量的氧化铬加入量有助于形成镁铝尖晶石相[25,26]。

2.2 固相反应合成 MgO – Al₂O₃ 系材料的基础研究

镁铝尖晶石以其高熔点、良好的热震稳定性及抗熔渣侵蚀性等一系列优良性能而在耐火材料及其他工业领域得到了广泛的应用[27]。目前，制备镁铝尖晶石的最常用方法是固相反应合成法，即以氧化物、氢氧化物或碳酸盐为原料，将原料混合压坯后在高温下（超过 1400℃）反应制备尖晶石。电熔法是工业上另一种常用的合成尖晶石的方法，此种方法也存在能耗大等缺点。而如溶胶 – 凝胶法、水热法等"湿化学法"虽然能在较低温度下合成尖晶石，但是其操作工艺复杂，所需设备昂贵，成本太高而无法满足大规模工业生产的需要。

2.2.1 合成 MgO – Al₂O₃ 系材料固相反应

图 2 – 2 为镁铝尖晶石 MgAl₂O₄ 的晶体结构示意图，其单位晶胞由 32 个立方紧密堆积的氧阴离子 O^{2-} 和 16 个在八面体孔隙中的铝离子 Al^{3+} 以及 8 个在四面体孔隙中的镁离子 Mg^{2+} 组成。每个氧离子有 4 个金属配位离子，其中 3 个处于八面体中，剩下 1 个处于四面体中，并保持电中性[28]。尖晶石是一组分子组成为 AB₂O₄ 的系列化合物，属于立方晶系，$Fd3m$ 空间群。

2.2.2 MgO – Al₂O₃ 系合成材料固相反应传质

广义上讲，凡是有固相参与的化学反应都可称为固相反应。狭义上讲，固相反应常指固体与固体间发生化学反应生成新的固体产

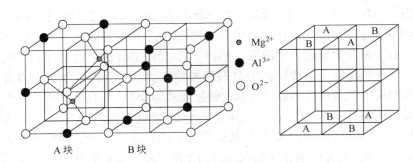

图 2 – 2　镁铝尖晶石晶体结构示意图

物的过程。如图 2 – 3 所示为 MgO 和 Al₂O₃ 固相反应生成 MgAl₂O₄ 过程。合成反应的第一阶段是在反应物晶粒界面上或与界面临近的晶格中生成 MgAl₂O₄ 晶核。实际上这步反应

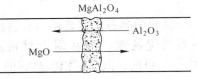

图 2 – 3　MgO 和 Al₂O₃
固相反应生成 MgAl₂O₄ 过程

的实现比较困难，因为新生成的晶核与反应物的结构不同，所以成核反应需要反应物晶面结构进行重新排列，其中包含结构中离子键的断裂和重新生成，以及 MgO 和 Al₂O₃ 晶格中 Mg^{2+} 和 Al^{3+} 的脱出、扩散、进入缺位，高温条件有利于上述过程的进行。在 Al₂O₃ 中 O^{2-} 从刚玉的六方密堆向尖晶石的立方密堆迁移。在 MgO 中，MgO 和 MgAl₂O₄ 结构中的 O^{2-} 均保持立方密堆排列方式。MgO 和 Al₂O₃ 中生成镁铝尖晶石的比例为 1:3[29]。反应的第二阶段是在尖晶石晶核上生长晶体。此反应的实现同样也较困难，因为原料晶格中 Mg^{2+} 和 Al^{3+} 需要横跨两个界面进行扩散才有可能在新晶核上生长晶体，同时，由于原料界面间的产物层不断加厚，扩散速度也受到影响，因此反应的控速步骤应该是晶格中 Mg^{2+} 和 Al^{3+} 的扩散，高温有利于晶格中离子的扩散，有利于加快尖晶石合成速度[30]。随着镁铝尖晶石界面层不断增厚，反应物必须扩散到 MgO – MgAl₂O₄ 或 Al₂O₃ – MgAl₂O₄ 界面后方可在界面上进行反应，继续形成 MgAl₂O₄ 层，在固相反应体系中，化学反应速率一般要大于扩散速率，所以此时

$MgAl_2O_4$ 的形成速度由开始时的取决于化学反应速率逐渐转变为取决于扩散速度。

2.2.3 MgO – Al₂O₃ 系合成材料固相反应影响因素

由于尖晶石材料熔点高、抗渣性突出且具有耐剥落性及较好的抗蠕变性能，故成为重要的耐火材料。早在 20 世纪 50 年代就已经开始了镁铝尖晶石质耐火材料的研究工作，并开发出平炉炉顶用镁铝砖。日本研究人员采用镁铝尖晶石质耐火材料解决水泥工业中镁铬砖的污染问题[31]。Mackenzie 等人研究通过镁铝尖晶石砖代替难熔的镁铬砖在大型干法水泥回转窑的过渡带和冷却带使用发现，其寿命是镁铬砖的 2 ~ 3 倍[16,32]。目前镁铝尖晶石也已成为生产优质耐火浇注料的重要组成物质，与 $MgO \cdot Cr_2O_3$ 质耐火材料相比，镁铝尖晶石具有更突出的抗渣性、耐剥落性以及较好的抗蠕变性能[33]。镁铝尖晶石具有高强的抵抗碱性熔渣能力，对铁氧化物的作用也较稳定。镁铝尖晶石除了在高温材料等传统领域的应用以外，在半导体材料、载体材料及催化剂等材料领域也被广泛应用[21,34~46]。

传统固相合成法及电熔法是应用最广的镁铝尖晶石合成方法，此法无疑是最简单、最方便的合成镁铝尖晶石的工艺，但是此法的明显缺点就是合成温度高，能耗大[47]。以低品位矿为原料合成制备镁铝尖晶石的研究在国内尚未有过相关报道。

2.3 添加剂对合成 MgO – Al₂O₃ 系材料的影响

本节以低品位菱镁矿风化石为原料合成制备镁铝尖晶石，讨论高价金属氧化物氧化钛、氧化锆和稀土金属氧化物氧化镧和氧化铈添加剂对合成镁铝尖晶石材料的作用机理。通过对合成镁铝尖晶石相晶格常数和晶胞体积的计算，分析添加剂离子对固相反应合成镁铝尖晶石结构缺陷的影响。并通过对烧后试样相对结晶度的计算及 SEM 分析，讨论在高温条件下添加剂离子对镁铝尖晶石材料中液相数量及性质的影响。加入添加剂可改善由于低品位矿中杂质引入所形成的液相性质，并对合成产物中杂质起到一定的屏蔽作用，为进一步研究镁铝尖晶石固相反应及低品位矿综合利用提供基础数据。

菱镁矿风化石是一种典型的低品位菱镁矿，如何提高这种低品位菱镁矿的利用率和利用价值一直是低品位矿物利用领域的重要课题。对菱镁矿风化石组成及特征研究是开发利用菱镁矿风化石的基础，根据我国辽宁地区的菱镁矿风化石的形成特点判断，该地区的菱镁矿风化石为沉积变质型菱镁矿经历长期的风化作用所形成。该类矿石具有储量大、分布广、主要集中在山体表面或裸露处等特点。

试验选用了菱镁矿风化石是菱镁矿开发过程中最低档、最廉价的一类矿石。由于长期风化的作用，导致菱镁矿风化石往往以粉状形式存在，即使以块状结构存在，强度也极小。因此也就决定了该类矿物很难进入传统耐火材料生产所使用的轻烧窑。试验结合菱镁矿风化石组成结构特点，以矿山块状菱镁矿生产轻烧氧化镁的工艺路线为基础，以粉状菱镁矿风化石为原料通过压块工艺制备活性轻烧氧化镁。试验系统研究了菱镁矿风化石的化学组成和矿物组成，并对菱镁矿风化石进行了综合热分析，对不同温度焙烧后菱镁矿风化石的矿物组成进行分析。并在此基础上，进行了以菱镁矿风化石为原料制备活性轻烧氧化镁的研究，系统研究了焙烧温度和保温时间对制备轻烧氧化镁粉活性的影响，确定最佳的焙烧温度和保温时间。

试验选用的菱镁矿风化石为辽宁地区典型菱镁矿风化石，通过化学分析方法得到的菱镁矿风化石组成如表 2 – 1 所示。按原冶金工业部颁布的菱镁矿化学组成（YB 321—81a）标准，菱镁矿风化石组成中 $w(MgO) \geqslant 33\%$，$w(CaO) \leqslant 6\%$，$w(SiO_2) \leqslant 4\%$。试验选用菱镁矿风化石符合五级菱镁矿标准，是该划分标准中最低品位的菱镁矿。

表 2 – 1　菱镁矿风化石中各化学成分质量分数　　（%）

原　料	SiO₂	Al₂O₃	MgO	CaO	Fe₂O₃	灼减
菱镁矿风化石	3.92	0.52	42.82	3.32	1.12	46.89

图 2 – 4 为菱镁矿风化石 XRD 图谱，该矿主要存在两种矿物，即菱镁矿（$MgCO_3$）和白云石（$MgCO_3 \cdot CaCO_3$）。由菱镁矿风化石试样的矿物组成分析，氧化钙的主要存在形式为白云石。理论分析

二氧化硅的主要存在形式为含石英或脉石类等矿物，而氧化铁和氧化铝的主要存在形式为绿泥石、褐铁矿等矿物，但由于绿泥石和褐铁矿化学组成相对较少，因此在菱镁矿风化石的 XRD 图谱中未观察到其他类矿物。

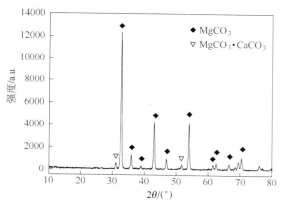

图 2 – 4　菱镁矿风化石 XRD 图谱

图 2 – 5 为菱镁矿风化石微观结构 SEM 图，从图中主晶相菱镁矿结构特点分析，结构中除了结晶完整的菱镁矿外还存在很多"针状"结构物质，分析认为该针状物质为菱镁矿的水合物，即碱式碳酸镁。由于其含量较小，同时主要存在于菱镁矿表面，因此在矿物组成分

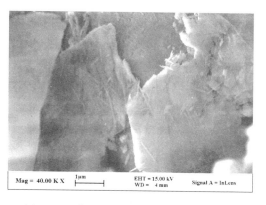

图 2 – 5　菱镁矿风化石微观结构 SEM 图

析中未有体现。在了解了菱镁矿风化石原料基本组成、结构的基础上，试验选用辽宁地区典型菱镁矿风化石来制备高活性的轻烧氧化镁，并以此为基础原料制备镁基耐火原料。试验重点研究了焙烧温度及焙烧时间对制备轻烧氧化镁活性的影响。

具体试验过程如下：

（1）对菱镁矿风化石预处理，即用 0.5mm 标准筛对菱镁矿风化石进行筛分。

（2）将小于 0.5mm 的菱镁矿风化石统料压制成条形试样，试样大小为 160mm × 40mm × 40mm，其中加入 3.5% 的聚乙烯醇溶液（质量分数为 5%）作为结合剂，成型压力 100MPa。

（3）试样经 110℃ 保温 12h 干燥在高温箱式电炉中焙烧。焙烧温度分别为 550℃、600℃、650℃、700℃、750℃、800℃、850℃、900℃、950℃、1000℃；保温时间分别为 30min、60min、90min、120min、150min、180min。烧后试样随炉冷却备用。

（4）菱镁矿风化石制备轻烧氧化镁的活性检测。

活性分析的基本原理：根据轻烧氧化镁在柠檬酸溶液中的反应时间衡量其活性[48]。

试剂 I：氢氧化钠标准溶液的配置与标定。称取 8g 氢氧化钠，溶于 1000g 水中，冷却至室温，移入 1000mL 容量瓶中，稀释至刻度混匀。称取 0.8168g 已在 105 ~ 110℃ 干燥 2h 并冷却至室温的苯二甲酸氢钾基准试样，置于 400mL 烧杯中，加入 200mL 蒸馏水，搅拌使其溶解，然后加 3 滴酚酞指示剂，用上述氢氧化钠进行滴定至微红色。要求标准氢氧化钠溶液要现标现用，氢氧化钠标准溶液的摩尔浓度按式（2 - 1）所示计算：

$$C_{NaOH} = \frac{m}{\frac{204.2}{1000 \times V}} \qquad (2-1)$$

式中 C_{NaOH}——氢氧化钠标准溶液摩尔浓度，mol/L；

　　　　m——苯二甲酸氢钾，g；

　　　　V——滴定所消耗氢氧化钠溶液的体积，mL；

　　204.2——苯二甲酸氢钾的摩尔质量，g/mol。

试剂Ⅱ：柠檬酸标准溶液的配制与标定。称取柠檬酸 13g 于 400mL 烧杯中，加水 200mL 溶解，移入 1000mL 容量瓶中，用水稀释至刻度混匀。移取上述溶液 20mL 于 250mL 锥形瓶中，加 3 滴酚酞指示剂，用氢氧化钠标准溶液滴定至微红色。柠檬酸标准溶液的浓度按式（2-2）计算：

$$C_{C_6H_8O_7} = \frac{C_{NaOH} \times V_1}{V} \qquad (2-2)$$

式中 $C_{C_6H_8O_7}$——柠檬酸标准溶液摩尔浓度，mol/L；

V_1——氢氧化钠标准溶液的体积，mL；

V——柠檬酸溶液的体积，mL。

要求柠檬酸溶液要浓一些，逐渐加水至 0.070mol/L。柠檬酸溶液不宜配得太多，以免发酵变质。

试剂Ⅲ：酚酞指示剂。称取 1g 酚酞定溶于 100mL 无水乙醇中。

仪器设备包括：恒温磁力搅拌器、振筛机、秒表、转子外带塑料管。

分析步骤：①准备试样：将轻烧氧化镁通过 120 目（0.122mm）标准筛后在 110℃干燥 1h，冷却至室温；②称取 3 份 1.7000g 轻烧氧化镁，精确至 0.0001g；③将试样置于 300mL 烧杯中，放入转子，置于恒温 40℃的磁力搅拌器上，迅速加入 200mL 的柠檬酸水溶液（事先加 2 滴酚酞指示剂），开动磁力搅拌器（500r/min），同时打开秒表，溶液呈现红色立即停表[48]。

通过菱镁矿风化石物相分析，菱镁矿风化石中主要物相为碳酸镁，碳酸镁的热分解属于固气反应范围，反应结果产生另一固相和气相，该反应属于吸热反应，反应方程式如下[49]：

$$MgCO_3 \longrightarrow MgO + CO_2(g) \qquad (2-3)$$

在一定温度下，分解压达到平衡。该反应的平衡常数为：

$$k^\ominus = \frac{a_{MgO}}{a_{MgCO_3}} \cdot \frac{P_{CO_2}}{P^\ominus} \qquad (2-4)$$

式中，P_{CO_2} 为 $MgCO_3$ 的分解压；$P^\ominus$ 为标准大气压；a_{MgO} 为 MgO 的活度；a_{MgCO_3} 为 $MgCO_3$ 的活度。若以纯凝聚态为标准态，则 $MgCO_3$ 与 MgO 的活度皆为 1。经过理论计算，菱镁矿剧烈分解温度约为

640℃ $^{[50,51]}$。为进一步分析验证菱镁矿风化石的实际分解温度，试验利用 Labsys Evo STA 同步热分析仪对菱镁矿风化石进行综合热分析。基本参数：升温速度为 10℃/min；最高温度为 1000℃；试验条件为无气氛保护，空气条件。

图 2 - 6 为菱镁矿风化石随温度升高的失重和热流曲线图。从图中可以明显看出菱镁矿风化石在 650℃出现了明显的吸热峰，并伴随着较大的失重。分析认为该温度为菱镁矿风化石中碳酸镁剧烈分解温度。经验证表明，菱镁矿风化石的实际剧烈分解温度高于理论分解温度 10℃左右。当温度为 850℃时，图中热流曲线出现小幅吸热峰，失重曲线上也出现了较小的质量变化。分析认为该温度出现的热流变化和质量变化为菱镁矿风化石中碳酸钙分解所导致。

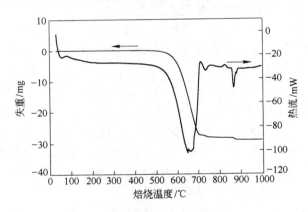

图 2 - 6　菱镁矿风化石失重曲线图

结合菱镁矿风化石综合热分析结果，试验对菱镁矿风化石不同温度下焙烧后的试样进行矿组成分析。图 2 - 7 为菱镁矿风化石在500℃、600℃、700℃、800℃、900℃和1000℃下轻烧后试样的 XRD 图谱，从图中可以看出经 500℃轻烧后的菱镁矿风化石试样中已经出现了些许方镁石特征峰，说明该温度下，菱镁矿已经开始分解。当焙烧温度达到 600℃时，方镁石相特征峰强度增加，而菱镁矿特征峰强度却逐渐降低。当焙烧温度达到 700℃时，系统中几乎不存在菱镁矿，菱镁矿已经完全转变成了方镁石相。随着焙烧温度由 800℃升高到 1000℃，主晶相方镁石相的衍射峰强度逐渐增强，方镁石衍射峰变得更加尖锐。通过菱镁矿风化石焙烧温度 600℃ 到 700℃ 系统中物相的变化情况可以看出，以菱镁矿风化石为原料制备活性轻烧氧化镁的最佳温度应在此范围之内。

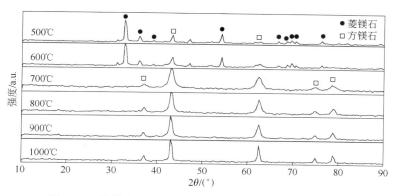

图 2 – 7　菱镁矿风化石不同焙烧温度条件下的 XRD 分析

图 2 – 8 为氧化镁活性随焙烧温度变化的检测结果，可以看出，经过 650℃ 保温 1h 焙烧后的氧化镁活性最高，反应时间最短。当焙烧温度为 550℃ 和 600℃ 时，轻烧氧化镁活性较低，并且随着焙烧温度降低，氧化镁活性减小。通过相组成分析，当焙烧温度较低时，菱镁矿没有完全分解，系统中还存在大量未反应分解的菱镁矿，因此低温焙烧后的试样活性较低。当焙烧温度大于 650℃ 时，随着煅烧温度的增加，轻烧氧化镁反应活性降低。分析认为随着焙烧温度增

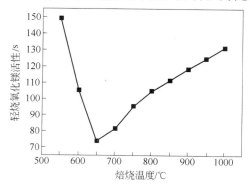

图 2 – 8　焙烧温度对轻烧氧化镁活性的影响

加，方镁石晶体特征逐渐增强，轻烧氧化镁活性逐渐降低。从不同温度煅烧后试样的 XRD 分析结果也可以看出，随着焙烧温度的升高，试样中方镁石晶相特征峰逐渐增强，说明了氧化镁活性降低的原因。将菱镁矿风化石在 650℃ 焙烧，焙烧时间分别为 30min、60min、90min、120min、150min、180min，利用柠檬酸法对焙烧后轻烧氧化镁试样进行活性检测。

图 2 - 9 为菱镁矿风化石不同焙烧时间对轻烧氧化镁活性的影响图。图中可以看出，当菱镁矿风化石 650℃ 焙烧 90min 后，轻烧氧化镁的活性最好。当焙烧时间小于 90min 时，随着焙烧时间的增加，轻烧氧化镁活性变好。由于菱镁矿热分解过程中环境的传热过程与菱镁矿风化石分解所产生的 CO_2 的传质过程是相背离的，因此需要更长的时间进行热量和质量的交换，试验证明焙烧时间为 90min 时，菱镁矿热分解的传热传质过程最为充分。当焙烧时间大于 90min 时，随着焙烧时间的增长，轻烧氧化镁的反应活性逐渐降低。分析认为随着菱镁矿风化石热分解反应的结束，氧化镁物料内外温度的均一，轻烧氧化镁中方镁石晶相特征逐渐明显，焙烧时间的延长促进了晶相物质的结晶和长大，但却不利于物料反应活性增大。因此试验在以焙烧温度为 650℃ 保温 90min，作为菱镁矿风化石制备活性轻烧氧化镁的最佳焙烧温度制度。

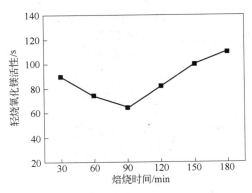

图 2 - 9   焙烧时间对轻烧氧化镁活性的影响

试验对菱镁矿风化石经过 650℃ 焙烧 90min 后制备轻烧氧化镁的化学组成和矿物组成进行了分析，表 2 - 2 为该活性轻烧氧化镁的化学组成，图 2 - 10 为该轻烧氧化镁的矿物组成 XRD 图谱。从表中轻烧氧化镁化学组成分析该轻烧氧化镁符合 QM - 80 轻烧氧化镁粉的组成标准，二氧化硅含量相对普通轻烧氧化镁粉要高，该特点基本符合菱镁矿风化石母盐中二氧化硅含量较高的特点。同时发现该轻烧氧化镁中氧化钙、氧化铁、氧化铝含量相对较低。从表中轻烧氧化镁酌减量分析该菱镁矿风化石经过 650℃ 保温 90min 已基本实现分解，从图 2 - 10 所示该轻烧氧化镁的 XRD 图谱也可以看出该轻烧氧化镁的矿物组成主要为方镁石相，几乎没有发现菱镁矿衍射峰，其中二氧化硅的主要存在形式为顽火辉石相。

表 2 - 2　轻烧氧化镁所含各化学成分质量分数　　(%)

成　分	SiO_2	Al_2O_3	MgO	CaO	Fe_2O_3	灼减
含　量	5.65	1.23	84.64	4.25	1.30	2.42

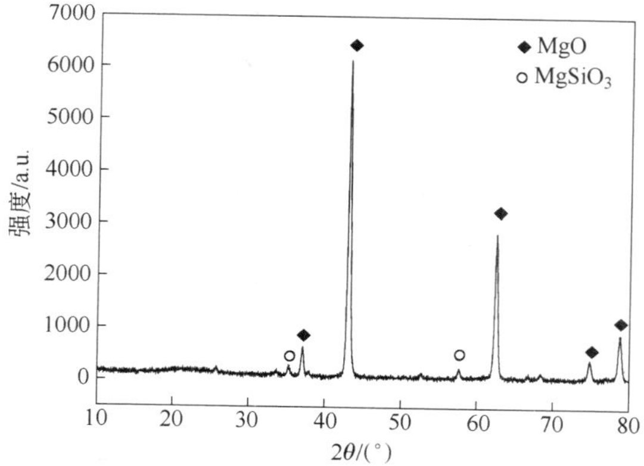

图 2 - 10　轻烧氧化镁 XRD 图谱

　　试验通过对菱镁矿风化石的综合热分析、不同温度焙烧后轻烧氧化镁的 XRD 分析以及柠檬酸法活性分析，表明菱镁矿风化石的剧烈分解温度在 650℃ 左右，高于菱镁矿理论剧烈分解温度。菱镁矿风化石在 600 ~ 700℃ 之间物相变化显著，当煅烧温度大于 700℃ 时，菱镁矿风化石中碳酸镁基本完全分解。利用菱镁矿风化石制备活性轻烧氧化镁的最佳焙烧制度为焙烧温度 650℃，保温 90min。该焙烧制度制备的轻烧氧化镁活性最高，主要矿物组成为方镁石。利用上述温度制度制备的高活性轻烧氧化镁为主要原料，来制备镁铝尖晶石。

　　试验原料为菱镁矿风化石制备的活性轻烧氧化镁和工业氧化铝，原料化学组成如表 2-3 所示。添加剂氧化钛、氧化锆、氧化镧和氧化铈为分析纯。

表 2-3　试验原料所含各化学成分质量分数　　　　（%）

成　　分	SiO_2	Al_2O_3	MgO	CaO	Fe_2O_3	灼减
轻烧氧化镁	5.65	1.23	84.64	4.25	1.30	2.42
工业氧化铝	0.15	99.1	—	—	—	—

　　合成镁铝尖晶石基础配方为活性轻烧氧化镁 28.5%、工业氧化铝 71.5%，分别加入不同含量的氧化钛、氧化锆、氧化镧和氧化铈添加剂。具体试验配方如表 2-4 所示。

表 2-4　不同试验配方中各成分质量分数　　　　（%）

原料	轻烧氧化镁	工业氧化铝	氧化钛	氧化锆	氧化镧	氧化铈
0 号	28.5	71.5	—			
1 号	28.5	71.5	0.4			
2 号	28.5	71.5	0.8			
3 号	28.5	71.5	1.2			
4 号	28.5	71.5	1.6			
5 号	28.5	71.5	2.0			
6 号	28.5	71.5	—	0.4		
7 号	28.5	71.5	—	0.8		
8 号	28.5	71.5	—	1.2		
9 号	28.5	71.5	—	1.6		
10 号	28.5	71.5	—	2.0		
11 号	28.5	71.5	—	—	0.2	—
12 号	28.5	71.5	—	—	0.4	—
13 号	28.5	71.5	—	—	0.6	—
14 号	28.5	71.5	—	—	0.8	—
15 号	28.5	71.5	—	—	1.0	—

原料	轻烧氧化镁	工业氧化铝	氧化钛	氧化锆	氧化镧	氧化铈
16 号	28.5	71.5	—	—	—	0.2
17 号	28.5	71.5	—	—	—	0.4
18 号	28.5	71.5	—	—	—	0.6
19 号	28.5	71.5	—	—	—	0.8
20 号	28.5	71.5	—	—	—	1.0

　　将各配方物料置于振动研磨机中，经 3min 强力振动后，使物料混练均匀，且粒度小于 0.074mm。用 5% 的聚乙烯醇溶液（质量分数为 5%）作为结合剂，半干法成型，成型压力 100MPa。110℃保温 6h 干燥后，试样于 1500℃保温 2h 进行烧成。烧后试样随炉冷却至室温。

　　用 Y - 2000 型 X 射线粉末衍射（X - ray diffraction, RXD）仪（Cu 靶 K_{a1} 辐射，电流为 40mA，电压为 40kV，扫描速度为 4°/min）分析试样的矿物组成。采用 X′ Pert Plus 软件对 X 射线衍射图进行拟合，分析镁铝尖晶石材料中主晶相镁铝尖晶石的晶格常数。并利用该软件标定 1500℃烧后的 0 号镁铝尖晶石材料的结晶度为 k%，计算不同添加剂及加入量试样（1 ~ 20 号）的相对结晶度。用日本电子 JSM6480LV 型 SEM 扫描电镜分析试样微观结构及组织形貌。

2.3.1　氧化钛对合成镁铝尖晶石材料组成结构的影响

2.3.1.1　氧化钛对菱镁矿风化石制备镁铝尖晶石材料相组成的影响

　　图 2 - 11 为不同氧化钛加入量的镁铝尖晶石试样 XRD 图谱。图中试样衍射峰性质可以看出，利用菱镁矿风化石制备的活性轻烧氧化镁和工业氧化铝为主要原料经过 1500℃煅烧，可以制备出以镁铝尖晶石为主晶相的镁铝尖晶石材料。图中镁铝尖晶石衍射峰强度最为显著，可以判断镁铝尖晶石相生成量最大，试样次晶相为镁橄榄石和方镁石。从图中镁铝尖晶石、镁橄榄石和方镁石的特征峰强度来看，引入小于 2.0%（1 ~ 4 号）的氧化钛对镁铝尖晶石材料中各

矿相衍射峰强度影响不大，没有发现与氧化钛相关的矿物相出现。为进一步分析氧化钛对合成镁铝尖晶石材料的影响，试验利用 X′ Pert Plus 软件对 XRD 图谱中镁铝尖晶石特征峰进行拟合，计算试样中主晶相镁铝尖晶石的晶格常数和晶胞体积变化。通过对各试样中主晶相镁铝尖晶石相的晶格常数和晶胞体积进行对比分析，研究氧化钛影响合成镁铝尖晶石材料结构缺陷的形式和数量。

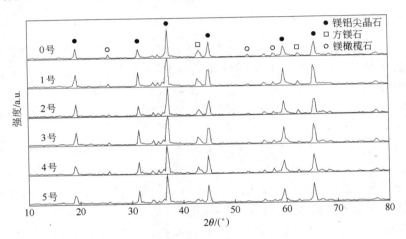

图 2 – 11   不同氧化钛加入量的镁铝尖晶石试样的 XRD 图谱

2.3.1.2   氧化钛对镁铝尖晶石相晶格常数的影响

以活性轻烧氧化镁为原料制备的镁铝尖晶石材料中主晶相镁铝尖晶石为立方晶体结构。立方晶体结构中晶面间距 d、晶面指数（h、k、l）及晶格常数 a 满足 $\dfrac{(h^2 + k^2 + l^2)}{a^2} = \dfrac{1}{d_{hkl}^2}$ 的关系。因此确定一个晶面指数及所对应的晶面间距 d 即可确定出镁铝尖晶石的晶格常数 a。为准确分析氧化钛加入对镁铝尖晶石相晶格常数的影响，通过 XRD 图谱中镁铝尖晶石相（311）、（400）、（440）三个晶面的理论分析，得到以上三个晶面所对应的 2θ 位置。利用 X′ Pert Plus 软件对 XRD 图谱中镁铝尖晶石的三个不同 2θ 位置的特征峰进行拟合，求出特征峰对应的镁铝尖晶石相的晶面间距 d 值。利用晶面间距 d、晶面指数（h、k、l）及晶格常数 a 关系式，计算晶格常数 a，并取平均值。

图 2 – 12 为镁铝尖晶石晶格常数及晶胞体积与氧化钛加入量关系图。图中镁铝尖晶石晶格常数的变化规律可以看出，氧化钛的加入对镁铝尖晶石相的晶格常数影响较大。镁铝尖晶石材料中主晶相镁铝尖晶石相晶格常数和晶胞体积均随着氧化钛加入量增加而增大。当氧化钛加入量由 1.6% 增加到 2.0% 时，镁铝尖晶石晶格常数增大趋势变缓。分析认为镁铝尖晶石晶格常数的变化与氧化钛的置换作用有关[52]。钛离子置换铝离子的缺陷反应方程如式（2 – 5）和式（2 – 6）所示。

$$3TiO_2 \xrightarrow{2MgO \cdot Al_2O_3} 3Ti^{\cdot}_{Al} + V'''_{Al} + 6O_O \tag{2 – 5}$$

$$2TiO_2 \xrightarrow{MgO \cdot Al_2O_3} 2Ti^{\cdot}_{Al} + O''_i + 3O_O \tag{2 – 6}$$

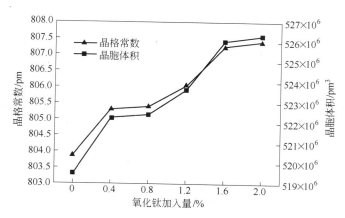

图 2 – 12 镁铝尖晶石晶格常数及晶胞体积与氧化钛加入量关系图

由于离子半径不同，其中钛离子和铝离子的离子半径分别为 0.068nm 和 0.051nm。当钛离子取代铝离子时，引起镁铝尖晶石晶格常数的变化。同时由于钛离子与铝离子的不等价置换作用，如式（2 – 5）所示，当三个钛离子与四个铝离子置换过程中形成了一个铝离子空位。或者如式（2 – 6）所示，出现两个钛离子取代两个铝离子位置而形成一个间隙氧离子的行为。从以上的变化关系也可以看出当氧化钛加入量为 1.6% ~ 2.0% 时，这种置换趋势有所减弱。

2.3.1.3 氧化钛对镁铝尖晶石相材料微观结构的影响

图 2 – 13 为不同氧化钛加入量的镁铝尖晶石试样的 SEM 图。

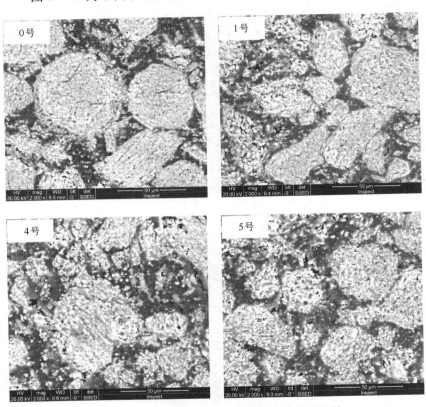

图 2 – 13   不同氧化钛加入量的镁铝尖晶石试样
（0 号、1 号、4 号和 5 号）的 SEM 图

氧化钛在镁铝尖晶石中的引入，使镁铝尖晶石的晶体结构中形成了带负电的铝离子空位或形成带负电的间隙氧离子，结构中形成空位结构或间隙离子使镁铝尖晶石的晶体结构发生了畸变，提高了镁铝尖晶石中正负离子的扩散速度，同时也提高了高温液相状态下离子的扩散速度。从图 2 – 13 未加入添加剂的 0 号试样和氧化钛加

入量为 0.4% 的 1 号试样的 SEM 图中可以看出，0 号试样微观结构中，在原有氧化铝颗粒的边缘及结构内部形成了亮白色的镁铝尖晶石，结构基本保持工业氧化铝微观结构中的圆形。而氧化钛加入量为 0.4% 的 1 号试样微观结构中的圆形结构几乎消失，结构中形成的亮白色区域增多，且相对均匀。从氧化钛加入量为 2.0% 的 5 号试样的结构可以看到的是亮白色区域出现了互相连接的情况，说明了镁铝尖晶石晶体长大的现象。

图 2 – 14 为氧化钛加入量对材料相对结晶度的影响图。利用 X′ Pert Plus 软件将未加入氧化钛的 0 号试样的结晶度标定为 k%，计算不同氧化钛加入量的 1~5 号试样的相对结晶度。可以看出加入氧化钛的镁铝尖晶石材料的相对结晶度均小于未加入添加剂的 0 号试样的相对结晶度。氧化钛加入量为 1.6% 的 4 号试样的相对结晶度最低，当氧化钛加入量小于 1.6% 时，随着氧化钛加入量增加，材料的相对结晶度逐渐减小。当氧化钛加入量大于 1.6% 时，随着氧化钛加入量增加，材料的相对结晶度略有增大。从 4 号试样结构中可以发现，结构中的亮白区更为均匀且分散，颗粒间形成了微小裂纹，分析认为镁铝尖晶石形成过程中的体积膨胀导致了结构中微小裂纹的存在。同样在结构中也发现了一定数量的高温液相，从材料相对结晶度降低的变化特征也反映了镁铝尖晶石材料中液相量的增大趋势。分析结果说明添加氧化钛促进了镁铝尖晶石材料中液相量的增加，有利于活性轻烧氧化镁与工业氧化铝合成镁铝尖晶石，但液相的大

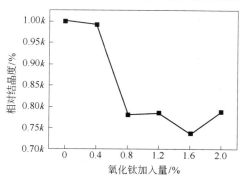

图 2 – 14 氧化钛加入量对材料相对结晶度的影响

量形成却不利于材料高温性能的提高，不利于改善杂质对合成镁铝尖晶石材料中液相性质的影响。

2.3.2   氧化锆对合成镁铝尖晶石材料组成结构的影响

2.3.2.1   氧化锆对菱镁矿风化石制备镁铝尖晶石材料相组成的影响

图 2–15 为不同氧化锆加入量的镁铝尖晶石材料 XRD 图谱。从图中镁铝尖晶石、镁橄榄石和方镁石的特征峰强度来看，少量氧化锆对菱镁矿风化石制备的尖晶石材料中各矿相衍射峰强度影响不大。主晶相镁铝尖晶石没有因为氧化锆的引入出现较大程度的变化，为了更好分析氧化锆对镁铝尖晶石主晶相的作用机理，试验分析了镁铝尖晶石相的晶格常数和晶胞体积。

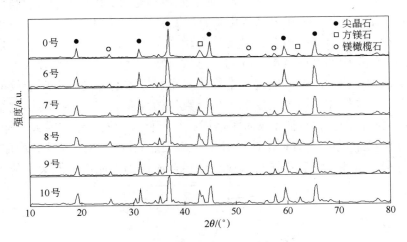

图 2–15   不同氧化锆加入量镁铝尖晶石材料的 XRD 图谱

2.3.2.2   氧化锆对镁铝尖晶石相晶格常数的影响

图 2–16 为镁铝尖晶石相晶格常数和晶胞体积与氧化锆加入量关系图。通过 XRD 图谱分析判断，以活性轻烧氧化镁为原料合成的镁铝尖晶石材料中主晶相镁铝尖晶石为立方晶体结构。

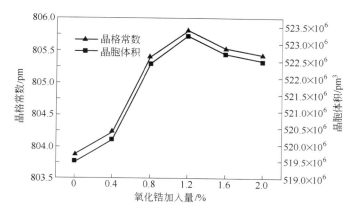

图 2 - 16 镁铝尖晶石晶格常数及晶胞体积与氧化锆加入量关系图

图中可以看出，氧化锆的加入对镁铝尖晶石相的晶格常数和晶胞体积影响较大。当氧化锆加入量为 1.2% 时，镁铝尖晶石相晶格常数和晶胞体积最大。分析认为镁铝尖晶石晶格常数的变化与氧化锆的置换固溶作用有关。锆离子、铝离子和镁离子的半径分别为 0.072nm、0.051nm 和 0.072nm。当锆离子取代铝离子时，属于不等价置换作用，可能出现的情况有两种，如式（2 - 7）和式（2 - 8）所示。

$$3ZrO_2 \xrightarrow{2MgO \cdot Al_2O_3} 3Zr^{\cdot}_{Al} + V'''_{Al} + 6O_O \qquad (2 - 7)$$

$$2ZrO_2 \xrightarrow{MgO \cdot Al_2O_3} 2Zr^{\cdot}_{Al} + O''_i + 3O_O \qquad (2 - 8)$$

从试验数据可以看出，当引入小于 1.2% 的氧化锆时，主晶相的晶格常数增大，发生式（2 - 8）情况的可能性较大。因为即使锆离子置换镁离子填充了氧离子紧密堆积所形成的四面体间隙，但由于镁离子和锆离子的半径几乎相同，就使置换作用对镁铝尖晶石晶格常数及晶胞体积的影响较小。

2.3.2.3 氧化锆对镁铝尖晶石材料微观结构的影响

图 2 - 17 为不同氧化锆加入量的镁铝尖晶石试样 SEM 图。

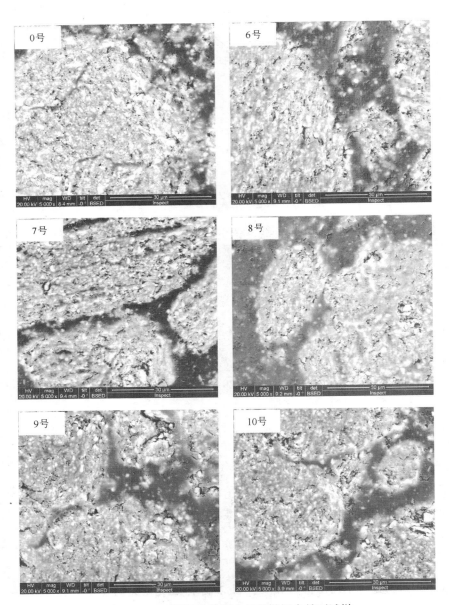

图 2 - 17 不同氧化锆加入量的镁铝尖晶石试样
（0 号、6~10 号）的 SEM 图

　　从图中微观结构可以看出，随着氧化锆加入量增加，从 6 号（氧化锆加入量为 0.4%）试样可以看到，原有颗粒表面不断有小颗粒脱落，形成亮白色的镁铝尖晶石微小晶体。7 号（氧化锆加入量为 0.8%）试样中，这种小颗粒脱落已经转变成大颗粒的中间断裂。分析认为，镁铝尖晶石在颗粒内部形成过程中伴随的体积膨胀作用导致了原有氧化铝颗粒的中间断裂，这种镁铝尖晶石在颗粒内部快速形成也与氧化锆的加入有关，氧化锆的引入促进了组织结构中离子交换速度的提高，有利于氧化铝表面镁离子向氧化铝颗粒内部的转移，形成更多的镁铝尖晶石[53]。8 号（氧化锆加入量为 1.2%）试样的微观结构中，断裂的颗粒彼此距离增加，断裂形成的新颗粒表面变得圆滑，说明新颗粒表面的镁离子浓度进一步增大，促进铝离子与镁离子的相互交换。从氧化锆加入量为 1.6% 和 2.0% 的 9 号和 10 号试样的微观结构可以看出，即使结构中有原有颗粒的形貌，但颗粒结构已经变得相当疏松，亮白色的镁铝尖晶石分布均匀，颗粒间出现模糊的玻璃相。图 2 – 18 为利用 X′ Pert Plus 软件计算得到的不同氧化锆加入量的 6 ~ 10 号试样的相对结晶度。从图中相对结晶度变化趋势可以看出，氧化锆加入量为 0.8% 和 1.2% 的 7 号和 8 号试样的相对结晶度均大于未加入添加剂的 0 号试样的相对结晶度，并呈现随着氧化锆加入量增加逐渐增大的现象。其中 8 号试样的相对结晶度最高，相当于未加入氧化锆试样中结晶相结晶度的 1.02 倍。当氧化锆加入量大于 1.2% 时，随着氧化锆加入量增加，试样的相对结晶度逐渐降低，当氧化锆加入量为 2.0% 时，试样的相对结晶度最低，相当于未加入添加剂试样的 87.48%。从镁铝尖晶石的晶格常数和晶胞体积变化关系也可以证明这一点，当氧化锆加入量为 2.0% 时，晶格常数和晶胞体积均减小。从试样的相对结晶度变化趋势也可以了解到，当氧化锆加入量大于一定程度后，试样的相对结晶度逐渐降低。说明颗粒间形成的高温液相经冷却后形成了一定量的玻璃相，降低了试样中结晶相的相对结晶度[53]。从形成最大的镁铝尖晶石量及形成最小量的玻璃相的角度来分析，氧化锆的最佳引入量为 1.2%。

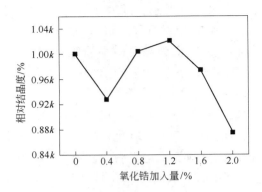

图 2 – 18   氧化锆加入量对材料相对结晶度的影响

2.3.3   氧化镧对合成镁铝尖晶石材料组成结构的影响

氧化镧是一种用途广泛的稀土金属氧化物材料，在催化、电子发射材料、固体电解质、特种陶瓷等方面具有广泛的应用[54~56]。同时氧化镧又具有高熔点特性，熔点高达 2217℃，沸点 4200℃，是天然耐火材料。

2.3.3.1   氧化镧对菱镁矿风化石制备镁铝尖晶石材料相组成的影响

图 2 – 19 为不同氧化镧加入量的镁铝尖晶石试样的 XRD 图谱，可以看出随着氧化镧加入量增加，镁橄榄石相的特征峰强度降低。从图中镁铝尖晶石和方镁石的特征峰强度来看，引入小于 1.0% （11 ~ 14 号）的氧化镧对菱镁矿风化石制备的镁铝尖晶石材料影响不大。从图中衍射峰性质看，没有发现与氧化镧相关的矿物相出现，说明氧化镧没有与镁铝尖晶石材料中的主要氧化物发生反应形成新的矿相。利用 X′ Pert Plus 软件对不同试样结晶相镁铝尖晶石的晶格常数及晶胞体积进行对比分析。

2.3.3.2   氧化镧对镁铝尖晶石相晶格常数的影响

图 2 – 20 为镁铝尖晶石的晶格常数及晶胞体积与氧化镧加入量

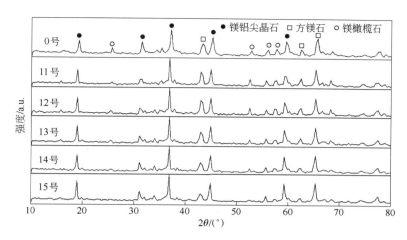

图 2 - 19 不同氧化镧加入量镁铝尖晶石试样的 XRD 图谱

关系图。图中可以看出，镁铝尖晶石材料中主晶相镁铝尖晶石晶格常数和晶胞体积均随着氧化镧加入量增加而增大。当氧化镧加入量从未加入到加入量为0.8%时，镁铝尖晶石相的晶格常数及晶胞体积值变化较大，其中晶格常数由 803.877pm 增加到 808.864pm。当氧化镧加入量为 0.8% 到 1.0% 时，晶格常数增加趋势变缓，由 808.864pm 增加到 808.994pm。说明氧化镧对镁铝尖晶石的固溶作

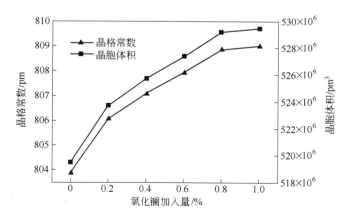

图 2 - 20 镁铝尖晶石晶格常数及晶胞体积与氧化镧加入量关系图

用是有限的。分析认为镁铝尖晶石晶格常数的变化与氧化镧的固溶作用有关。由于离子半径大小不同，其中镧离子半径大于镁离子和铝离子，镧离子与氧离子的半径比为 0.7579，镧离子与氧离子理论上可形成［LaO$_8$］立方体或在一定程度上形成［LaO$_6$］八面体。镁铝尖晶石结构中，铝离子与氧离子形成［AlO$_6$］八面体，结构中镁离子填充氧离子紧密堆积所形成的八分之一的四面体孔隙[57]。

分析认为镧离子如置换铝离子占据八面体孔隙，其缺陷反应方程如式（2-9）所示。

$$La_2O_3 \xrightarrow{MgO \cdot Al_2O_3} 2La_{Al} + 3O_O \qquad (2-9)$$

溶质离子镧离子半径大于溶剂离子铝离子半径，因此镁铝尖晶石相晶格常数 a 及晶胞体积也将有所增加。氧化镧中镧离子为三价，如镧离子置换镁铝尖晶石中镁离子，其缺陷反应方程式如式（2-10）和式（2-11）所示：

$$La_2O_3 \xrightarrow{MgO \cdot Al_2O_3} 2La_{Mg}^{\cdot} + V_{Mg}'' + 3O_O \qquad (2-10)$$

$$La_2O_3 \xrightarrow{MgO \cdot Al_2O_3} 2La_{Mg}^{\cdot} + O_i'' + 2O_O \qquad (2-11)$$

三价镧离子置换二价镁离子时，结构中会出现镁离子空位或间隙氧离子。如出现以上置换反应，离子半径较大的镧离子置换离子半径较小镁离子时，镁铝尖晶石晶格常数呈现增大趋势。

2.3.3.3　氧化镧对镁铝尖晶石材料微观结构的影响

图 2-21 为氧化镧加入量为 0、0.4%、0.6% 和 0.8% 的 0 号、12～14 号镁铝尖晶石试样的 SEM 图。

氧化镧在镁铝尖晶石中的引入，使镁铝尖晶石的晶体结构中形成了带负电的铝离子空位或形成带负电的间隙氧离子，结构中形成空位结构或间隙离子使镁铝尖晶石的晶体结构发生了畸变，提高了镁铝尖晶石中正负离子的扩散速度，同时也提高了高温液相状态下离子的扩散速度。图中 0 号试样与 12 号试样的 SEM 图对比分析，氧化镧加入量为 0.4% 的 12 号试样中结构中的圆形结构减少，氧化铝颗粒由于边缘及内部形成镁铝尖晶石所造成的体积膨胀作用而被破

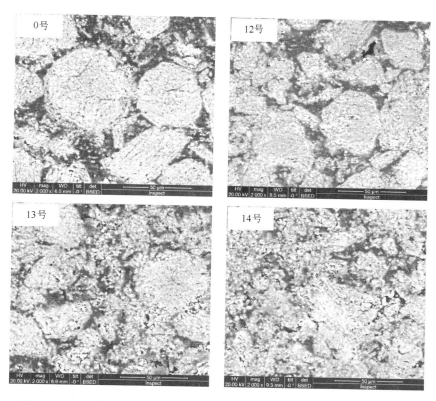

图 2 – 21　不同氧化镧加入量的镁铝尖晶石试样（0 号，12 ~ 14 号）SEM 图

坏。13 号试样加入氧化镧的量为 0.6%，试样中这种颗粒被破坏的作用更强，结构中的亮白区所形成的尖晶石更为均匀且分散，结构中更容易形成高分散性的镁铝尖晶石，合成镁铝尖晶石的数量有所增加。随着氧化镧加入量的继续增加，达到 0.8% 时，从 14 号试样结构中镁铝尖晶石的形成状态看，形成的镁铝尖晶石有逐渐长大的趋势。图 2 – 22 为不同氧化锆加入量的镁铝尖晶石试样相对结晶度变化趋势图。图中加入氧化镧的试样相对结晶度均大于未加入添加剂的 0 号试样的相对结晶度。当氧化镧加入量小于 0.8% 时，随着氧化镧加入量增加，试样的相对结晶度逐渐增大。当氧化镧加入量为 0.8% 时，试样的相对结晶度最高，比未加入氧化镧试样的相对结晶

度提高了 16.67%。当氧化镧加入量为 1.0% 时，试样中结晶相的相对结晶度有所降低，相对结晶度由 1.1667k% 降低到 1.1128k%。说明适量的氧化镧不仅可以促进镁铝尖晶石生成，同时也可以改善镁铝尖晶石材料结构中液相性质，提高镁铝尖晶石材料中结晶相的结晶程度。

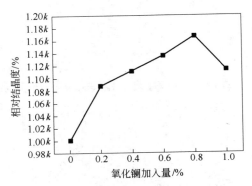

图 2 – 22   氧化镧加入量对材料相对结晶度的影响

2.3.4   氧化铈对合成镁铝尖晶石材料组成结构的影响

氧化铈是一种用途广泛的稀土材料，在玻璃抛光、脱色、生产稀土发光材料、陶瓷电工、化工等方面具有广泛的应用[58~60]。氧化铈也具有高熔点特性，熔点高达 2397℃，具有不溶于水和碱，微溶于酸的性质。

2.3.4.1   氧化铈对菱镁矿风化石制备镁铝尖晶石材料相组成的影响

图 2 – 23 为不同氧化铈加入量镁铝尖晶石材料的 XRD 图谱。从图中可以看出随着氧化铈的加入，试样中镁橄榄石相的衍射峰强度随之减弱，当氧化铈加入量达到 0.8%（19 号）时，试样中几乎没有了镁橄榄石相的衍射峰，当氧化铈加入量达到 1.0%（20 号）时，试样中又出现了少许的镁橄榄石相的衍射峰。氧化铈的引入从图中来看，对主晶相镁铝尖晶石相及方镁石的影响不很明显。镁铝尖晶

石衍射峰强度最为显著，可以判断镁铝尖晶石相生成量最大。从图中镁铝尖晶石和方镁石的特征峰强度来看，引入小于 1.0% （16 ~ 19号）的氧化铈对以菱镁矿风化石为原料制备的镁铝尖晶石材料中各矿相衍射峰强度影响不大。而从图中各衍射峰性质看，没有发现与氧化铈相关的矿物相出现，分析认为小于 1.0% 的氧化铈引入没有在结构中形成新的矿相成分。

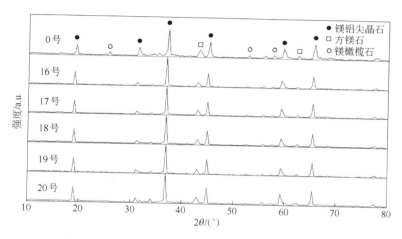

图 2 - 23   不同氧化铈加入量镁铝尖晶石材料的 XRD 图谱

2.3.4.2　氧化铈对镁铝尖晶石相晶格常数的影响

图 2 - 24 为镁铝尖晶石晶格常数和晶胞体积与氧化铈加入量变化关系图。图中变化趋势可以看出，引入少量的稀土金属氧化物氧化铈就可以造成镁铝尖晶石晶格常数的较大变化。当引入 0.2% 的氧化铈时，晶格常数由未加入氧化铈的 803. 877pm 增加到 808. 369pm。当氧化铈加入量为 0.8% 时，试样中主晶相镁铝尖晶石相的晶格常数和晶胞体积最大。

铈元素属于稀土金属元素，离子半径较大，铈离子与氧离子的半径比为 0. 7386。铈离子与氧离子理论上形成［CeO₈］立方体或在一定程度上形成［CeO₆］八面体。因此在保持电价平衡的条件下，铈离子应置换镁铝尖晶石结构中的铝离子位置来填充八面体

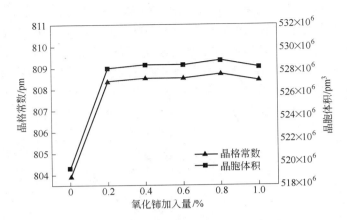

图 2 – 24　镁铝尘晶石晶格常数及晶胞体积与氧化铈加入量关系图

间隙[61]。

　　铈离子置换镁铝尖晶石结构中的铝离子缺陷反应方程式如式（2 – 12）和式（2 – 13）所示。

$$2CeO_2 \xrightarrow{MgO \cdot Al_2O_3} 2Ce_{Al}^{\cdot} + O_i'' + 3O_O \qquad (2-12)$$

$$3CeO_2 \xrightarrow{2MgO \cdot Al_2O_3} 3Ce_{Al}^{\cdot} + V_{Al}''' + 6O_O \qquad (2-13)$$

　　式中可以看出，铈离子取代铝离子属于不等价置换作用，如以氧离子为基准，就会出现三个铈离子置换四个铝离子，置换过程形成了一个铝离子空位。如以正离子为基准，两个铈离子取代两个铝离子位置而形成一个间隙氧离子。其中铝离子半径远小于铈离子半径，随着铈离子在结构中的置换的作用，必将影响镁铝尖晶石的晶格常数及晶胞体积。不论哪种置换方式均能影响镁铝尖晶石的晶格常数和体积。

2.3.4.3　氧化铈对镁铝尖晶石材料微观结构的影响

　　图 2 – 25 为不同氧化铈加入量的镁铝尖晶石试样显微结构 SEM 图。高电价、大半径的稀土氧化物氧化铈中铈离子在镁铝尖晶石晶体结构中所造成的畸变提高了镁铝尖晶石中正负离子的扩散速度。镁铝尖晶石结构中带负电的铝离子空位或间隙氧离子不仅影响了镁

铝尖晶石晶体的晶格常数和体积，并且影响了合成镁铝尖晶石材料的微观结构。

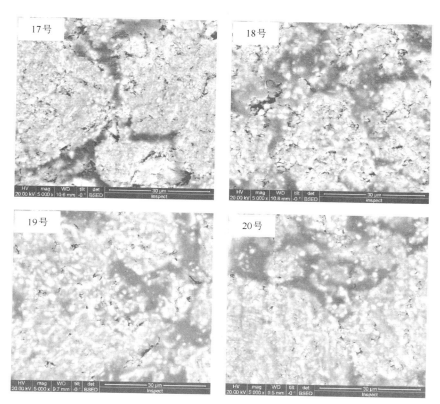

图 2 - 25   不同氧化铈加入量的镁铝尖晶石试样（17 ~ 20 号）SEM 图

从图中 17 号（氧化铈加入量为 0.4%）试样的微观结构中，原有颗粒表面不断有小颗粒脱落，形成亮白色的镁铝尖晶石微小晶体。氧化铈的引入促进了在氧化铝颗粒内部离子交换速度的提高，镁铝尖晶石在颗粒内部产生，并伴随着较大的体积膨胀作用，因此随着氧化铈引入量的增加，缺陷的形成更有利于氧化铝表面镁离子向氧化铝颗粒内部的转移，形成更多的镁铝尖晶石。从氧化铈加入量为 0.6% 和 0.8% 的 18 号和 19 号试样的微观结构看出，镁铝尖晶石形成过程所伴随的体积效应已经基本结束，材料的组织结构已经变得相当疏松，亮白色的镁铝尖晶石分布基本均匀，结构中新形成的镁铝尖晶石活性较高。尤其从 19 号试样的微观结构可以看出，结构中镁铝尖晶石有聚集成一体的趋势。20 号（氧化铈加入量为 1.0%）试样的微观结构可以看出，试样中亮白色的镁铝尖晶石相出现了聚集现象，导致晶界位置中液相量增加。

　　图 2 – 26 为氧化铈加入量对材料相对结晶度的影响图。图中可以看出氧化铈加入量为 0.2% ~ 1.0% 的 16 ~ 20 号试样的相对结晶度均大于未加入添加剂的 0 号试样。说明氧化铈的加入有利于试样中晶体的形成和长大，其中氧化铈加入量为 0.6% 的 18 号试样的相对结晶度最高，相当于未加入添加剂的 0 号试样的 1.1777 倍。当氧化铈加入量大于 0.6% 时，随着氧化铈加入量增加，试样的相对结晶度逐渐降低。当氧化铈加入量为 1.0% 时，试样相对结晶度最低，但其相对结晶度也大于未加入添加剂的 0 号试样。分析认为，当氧化铈加入量大于一定程度后，由于缺陷的存在使材料中镁铝尖晶石的形成变得十分容易，结构中镁铝尖晶石量增加。同时由于杂质作用，高温液相不断在镁铝尖晶石晶界聚集，材料中主晶相镁铝尖晶石与高温液相之间的相互作用增强。适量的氧化铈不仅可以促进镁铝尖晶石生成，同时也可以改善镁铝尖晶石材料结构中液相性质，提高镁铝尖晶石材料中结晶相的结晶程度。

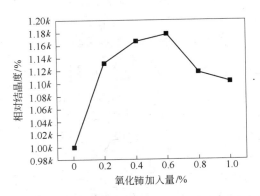

图 2 – 26　氧化铈加入量对材料相对结晶度的影响

　　试验首先对比研究了四种不同种类和数量的添加剂对合成立方

晶系镁铝尖晶石材料物相组成、晶格常数、晶胞体积、材料微观结构及相对结晶度的影响。结果发现加入氧化钛、氧化镧和氧化铈的配方试样中镁铝尖晶石相晶格常数和晶胞体积均随着添加剂加入量增加而逐渐增大，且增大趋势逐渐减缓；加入 1.2% 氧化锆的配方试样中镁铝尖晶石晶格常数和晶胞体积最大，并且随着氧化锆加入量继续增加，镁铝尖晶石晶格常数和晶胞体积逐渐减小；加入氧化镧和氧化铈的配方试样相对结晶度均出现先增大后减小趋势，当氧化镧、氧化铈加入量分别为 0.8%、0.6% 时，镁铝尖晶石试样相对结晶度分别为各种配方试样中的最高值。同时结合试样微观结构分析，适量加入高价态、低离子场强的 Ce^{4+}、La^{3+} 可以改善合成镁铝尖晶石材料结构中由于杂质引入所形成液相的性质。其中加入 0.6% 氧化铈的镁铝尖晶石配方试样相对结晶度最高，相当于未加入添加剂配方试样的 1.1777 倍。

3　MgO – SiO₂ 系合成材料的组成、结构及性质

3.1　MgO – SiO₂ 系二元系统相图

图 3 – 1 为氧化镁 – 二氧化硅二元系统相图。高温下二氧化硅能有限溶于氧化镁中，在 1850℃ 最高固溶量可以达到 12%，MgO 在 M₂S 中也有少量固溶现象。二元系统相图中有两种二元化合物，其中镁橄榄石相熔点 1890℃，具有高蠕变稳定性和高荷重软化温度[62]。镁橄榄石（M₂S）属孤岛状硅酸盐，正交晶系，晶格常数 $a = 0.467nm$，$b = 1.020nm$，$c = 0.598nm$，晶胞内有 4 个 M₂S "分子"，密度 $3.22g/cm^3$。镁橄榄石的结构可以看成是氧离子接近按 ABAB……六方密堆，按正负离子半径比，硅离子充填于密堆体四面

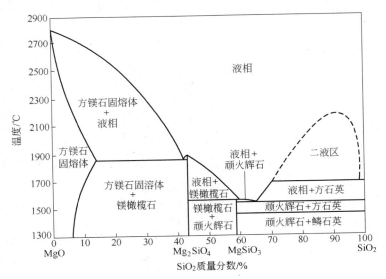

图 3 – 1　氧化镁 – 二氧化硅二元系统相图

体孔隙的 1/8，镁离子充填于密堆体八面体孔隙的 1/2，结构中硅离子的静电键强度为 1，镁离子的静电键强度为 1/3，每个氧离子由 1 个硅离子和 3 个镁离子提供电价。M_2S 的线膨胀系数较大，1000℃ 时为 $1.20 \times 10^{-5}℃^{-1}$，晶胞不同方向离子排布密度不同，线膨胀行为表现为各向异性，20~600℃ 平均线膨胀系数为：x 轴 $1.36 \times 10^{-5}℃^{-1}$，$y$ 轴 $2.20 \times 10^{-5}℃^{-1}$，$z$ 轴 $0.76 \times 10^{-5}℃^{-1}$，因此镁橄榄石的烧结性和耐热震性较差。镁橄榄石晶体富有弹性，其可压缩系数为 0.81×10^{-6}，弹性变形值很大，可能是由于其结构中阳离子的高静电键强度，较多的微观孔隙和低阳离子静电斥力所致。

氧化镁 – 二氧化硅二元系统相图中还有第二种二元化合物，顽火辉石（MS）属于不一致熔融二元化合物，有几种结构比较相近的晶型。常温下稳定晶型是顽火辉石（正交系），高温稳定的晶型是原顽火辉石（正交晶系），将原顽火辉石冷却，如果不加矿化剂，它不转变为顽火辉石，而转变为斜顽火辉石（单斜晶系），斜顽火辉石为一种介稳态，将斜顽火辉石加热至 1100℃ 左右转化为原顽火辉石，其晶型间的转变关系如式（3 – 1）所示。

$$顽火辉石 \underset{NaF}{\overset{1260℃}{\rightleftharpoons}} 原顽火辉石 \underset{1100℃}{\overset{700℃}{\rightleftharpoons}} 斜顽火辉石 \qquad (3-1)$$

原顽火辉石和斜顽火辉在滑石瓷中均有存在，它们的转变过程对生产工艺很重要。原顽火辉石转变为斜顽火辉石时，密度由 $3.10g/cm^3$ 增大到 $3.18g/cm^3$，约 2.6% 的体积收缩会使瓷体机械强度下降，为防止斜顽火辉石的生成，在瓷体中有玻璃相存在是有利的。引入添加剂可以使其与高温晶型形成固溶体，也可以使原顽火辉石在低温时稳定存在。

3.2 固相反应合成 MgO – SiO₂ 系材料的基础研究

3.2.1 合成 MgO – SiO₂ 系材料固相反应

镁橄榄石作为一种弱碱性耐火材料可作为酸性材料与碱性材料之间的良好过渡材料，被广泛应用在冶金辅料、铸造用型砂、有色冶炼、玻璃窑炉等耐火材料[63,64]。与传统的石英砂相比镁橄榄石具有导热性能好，热膨胀缓慢均匀、无硅尘危害、生产环境良好、耐火度高、抗金属氧化物侵蚀能力强等优点[65]。镁橄榄石作为高炉热风炉蓄热室配套材料在国外也有相关报道[66]。目前镁橄榄石材料普遍采用的合成方法仍然为固相反应法[67,68]，由于固相反应烧结需要较高的煅烧温度和较长的保温时间，因此如何降低固相反应的煅烧温度、选择合适的原料和助烧剂以及如何提高合成材料的性能成为合成镁橄榄石材料的一个热点问题[69~71]。

3.2.2　MgO – SiO₂ 系合成材料固相反应传质

20 世纪 30 年代，欧洲和美国就已开始利用天然橄榄石矿制备的镁橄榄石质材料，而促进其使用的主要原因是材料价格不高，以及相对较低的热传导率和优异的抗渣性[72]。冶金工业用镁橄榄石材料主要是由天然镁橄榄石矿制得，其中橄榄石岩是镁橄榄石材料的主要来源。图 3 – 2 为 Mg_2SiO_4 – Fe_2SiO_4 二元相图，图中可以看出镁橄榄石和铁橄榄石的熔点分别为 1890℃ 和 1205℃，过量的铁橄榄石导致镁橄榄石材料的高温性能的降低。

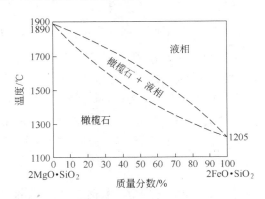

图 3 – 2　镁橄榄石 – 铁橄榄石（Mg_2SiO_4 – Fe_2SiO_4）二元相图

表 3 – 1 为国内典型天然镁橄榄石原料的成分。从表中可以看出天然镁橄榄石矿中不同程度含有氧化铁，氧化铁的存在促进了镁橄榄石材料的烧结，但经过烧结作用所形成的铁橄榄石却降低了镁橄榄石的耐火度。同时镁橄榄石形成过程中伴随的体积膨胀对镁橄榄

石制品的体积稳定性会产生负面的影响，因此氧化铁含量过高的镁橄榄石矿不适宜用作耐火材料。表 3 – 1 中的蛇纹岩是以蛇纹岩矿物为主要成分的岩石，它是橄榄岩的风化产物。蛇纹岩的理论组成中包括 12.9% 的化合水，因此原料煅烧过程中伴随较大的体积收缩。纯橄榄岩是橄榄石和蛇纹岩之间的一种矿物，化合水含量较高，因此作为制备镁橄榄石的原料需进行预烧处理。

表 3 – 1　几个不同产地天然镁橄榄石岩化学成分含量　　（%）

产　　地	SiO_2	MgO	Fe_2O_3	Al_2O_3	CaO	Cr_2O_3	灼减
湖北宜昌橄榄岩	39.29	48.05	9.46	0.40	0.66	1.00	2.64
陕西商南橄榄岩	37.84	42.49	9.81	0.13	1.17	1.86	5.9
江西弋阳蛇纹岩	37.90	39.00	1.35	8.67	0.29	0.41	12.31
四川彭县蛇纹岩	39.20	40.09	7.44	1.39	0.52	1.00	13.19
河北承德纯橄榄岩	34.70	41.38	8.03	0.28	0.11	0.23	14.77

3.2.3　MgO – SiO₂ 系合成材料固相反应影响因素

由于自然界中天然镁橄榄矿的存在，关于合成镁橄榄石材料的相关报道就相对较少。报道主要集中在合成制备具有特殊性能的镁橄榄石材料。如 Saberi 等研究以硝酸镁溶液、硅胶和柠檬酸为原料，通过柠檬酸盐凝胶法制备镁橄榄石纳米晶材料[73]。Sanosh 等通过溶胶 – 凝胶法合成制备出了约 27nm 的镁橄榄石纳米粉体[74]。Okada 等以滑石和碎玻璃为原料、氯化锂为助烧剂低温制备多孔镁橄榄石陶瓷材料随着常温强度的增加，材料的切削加工性能降低[68]。Tavangarian 等研究以滑石、氧化铝和碳酸镁粉体为原料，通过 40h 的机械活化及 1200℃ 烧后制备晶粒度为 30 ~ 87nm 的镁橄榄石 – 镁铝尖晶石复合纳米材料[75]。Kharaziha 等研究的纳米镁橄榄石生物陶瓷比粗晶镁橄榄石陶瓷具有更高的生物活性[76]。Ni 等研究采用溶胶凝胶法制备的镁橄榄石粉体，经过 1450℃ 保温 8h 处理后的生物陶瓷坯体具有 203MPa 的常温强度，制备的镁橄榄石陶瓷具有良好的生物活性和力学性能[77]。Tavangarian 等认为顽火辉石是在合成制备镁橄榄石过程中不可避免要出现旳，经过 10h 机械活化和 1000℃热处理后可以制备出平均粒径为 135nm 的镁橄榄石粉体，随着热处理温度的增加，粉体的晶粒逐渐增大[78]。

国内外关于添加剂对制备镁橄榄石材料的研究，如 Mustafa 等研究镁橄榄石配料中由于氧化铝的引入会使系统中形成尖晶石，导致 $w(MgO)/w(SiO_2)$ 比例降低，系统中除镁橄榄石相外形成了顽火辉石相[79]。Berry 等研究氧化钛在镁橄榄石合成过程中发现，Ti^{4+} 的置换作用使镁橄榄石结构形成缺陷，外界压力接近斜硅镁石稳定区域，镁橄榄石晶粒表面所形成的缺陷可以被稳定[80]。徐建峰等研究认为随着镁砂含量的增加，镁橄榄石耐火材料的显气孔率逐渐增大；随着烧成温度的提高，镁橄榄石耐火材料的显气孔率逐步降低，有利于加速其合成[81]。邓承继等研究表明与菱镁石粉比较，轻烧氧化镁与橄榄石的反应活性高；加入 6% 的轻烧镁粉基本可使橄榄石矿中的顽火辉石和磁铁矿分别转化为镁橄榄石和镁铁尖晶石（煅烧温度 1300℃以上）；加入轻烧镁粉或菱镁石粉的试样经 1300℃煅烧后的矿物相趋于稳定[82]。

3.3　添加剂对合成 MgO – SiO₂ 系材料的影响

试验以低品位的菱镁矿风化石与天然硅石为原料合成制备镁橄榄石，讨论三价金属氧化物氧化铝、氧化铬、氧化镧和四价金属氧化物氧化锆和氧化铈添加剂对合成镁橄榄石材料的作用机理。通过对合成镁橄榄石相晶格常数和晶胞体积的计算，分析添加剂离子对固相反应合成镁橄榄石材料结构缺陷的影响。并通过对烧后试样相对结晶度的计算及 SEM 分析，讨论在高温条件下添加剂离子对以低品位矿为原料固相反应合成镁橄榄石材料中液相数量及性质的影响。通过加入添加剂来改善低品位矿中由于杂质引入所形成液相的性质，促进镁橄榄石晶粒发育，并对合成产物中的杂质起到一定的屏蔽作用。

试验原料包括菱镁矿风化石制备的活性轻烧氧化镁和天然硅石，原料化学组成如表 3 – 2 所示。添加剂氧化铝、氧化铬、氧化镧、氧化锆和氧化铈为分析纯。

表3-2 试验原料所含各化学组成质量分数 （%）

成 分	SiO₂	Al₂O₃	MgO	CaO	Fe₂O₃	灼减
轻烧氧化镁	5.65	1.23	84.64	4.25	1.30	2.42
天然硅石	98.62	—	0.58	0.22	—	—

合成镁橄榄石材料基础配方为活性轻烧氧化镁57.0%、天然硅石43.0%，分别加入不同含量的氧化铝、氧化铬、氧化镧、氧化锆和氧化铈添加剂。具体试验配方如表3-3所示。按表3-3试验配方，将各配方物料置于振动研磨机中，经3min强力振动后，使物料混练均匀，且粒度小于0.074mm。用聚乙烯醇溶液（质量分数为5%）作为结合剂，半干法成型，成型压力100MPa。110℃保温6h干燥后，试样于1500℃保温2h进行烧成。烧后试样随炉冷却至室温。

表3-3 不同试验配方中各成分质量分数 （%）

原料	轻烧氧化镁	天然硅石	氧化铝	氧化铬	氧化镧	氧化锆	氧化铈
0 号	57.0	43.0	—	—	—	—	—
1 号	57.0	43.0	0.4	—	—	—	—
2 号	57.0	43.0	0.8	—	—	—	—
3 号	57.0	43.0	1.2	—	—	—	—
4 号	57.0	43.0	1.6	—	—	—	—
5 号	57.0	43.0	2.0	—	—	—	—
6 号	57.0	43.0	—	0.4	—	—	—
7 号	57.0	43.0	—	0.8	—	—	—
8 号	57.0	43.0	—	1.2	—	—	—
9 号	57.0	43.0	—	1.6	—	—	—
10 号	57.0	43.0	—	2.0	—	—	—
11 号	57.0	43.0	—	—	0.4	—	—
12 号	57.0	43.0	—	—	0.8	—	—
13 号	57.0	43.0	—	—	1.2	—	—
14 号	57.0	43.0	—	—	1.6	—	—

原料	轻烧氧化镁	天然硅石	氧化铝	氧化铬	氧化镧	氧化锆	氧化铈
15 号	57.0	43.0	—	—	2.0	—	—
16 号	57.0	43.0	—	—	—	0.4	—
17 号	57.0	43.0	—	—	—	0.8	—
18 号	57.0	43.0	—	—	—	1.2	—
19 号	57.0	43.0	—	—	—	1.6	—
20 号	57.0	43.0	—	—	—	2.0	—
21 号	57.0	43.0	—	—	—	—	0.4
22 号	57.0	43.0	—	—	—	—	0.8
23 号	57.0	43.0	—	—	—	—	1.2
24 号	57.0	43.0	—	—	—	—	1.6
25 号	57.0	43.0	—	—	—	—	2.0

用日本理学 D/max – RB 12kW 型 X 射线粉末衍射（X – ray diffraction，RXD）仪（Cu 靶 K_{a1} 辐射，电压为 40kV，电流为 100mA，扫描速度为 4°/min）分析试样的矿物相。采用 X′ Pert Plus 软件对 X 射线衍射图进行拟合，分析镁橄榄石的晶格常数和晶胞体积的变化。并利用该软件标定 1500℃烧后的 0 号镁橄榄石试样的结晶度为 $k\%$，计算不同种类和数量添加剂试样（1~25 号）的相对结晶度。用日本电子 JSM6480LV 型 SEM 扫描电镜分析试样断口的微观结构及组织形貌。

3.3.1　氧化铝对合成镁橄榄石材料组成结构的影响

3.3.1.1　氧化铝对菱镁矿风化石制备镁橄榄石材料相组成的影响

图 3 – 3 为加入不同量氧化铝的镁橄榄石材料的 XRD 图谱。图中 0 号试样衍射峰性质可以看出，镁橄榄石相衍射峰强度最为清晰和显著，试样中镁橄榄石相为主晶相。1~5 号试样 XRD 谱中特征峰性质看出，随着氧化铝加入量的增加，试样中出现了顽火辉石相的

衍射特征峰，并且特征峰的强度逐渐增加。分析认为氧化铝引入导致镁橄榄石试样中形成顽火辉石的原因是不同离子的电场强度不同造成的。由于阳离子的电场强度（Z/r^2，Z 代表阳离子的电价数，r 代表阳离子的半径）表示阳离子对阴离子的引力强弱程度[83,84]。假设如果同在六配位的情况下，Al^{3+} 及镁橄榄石结构中 Mg^{2+} 和 Si^{4+} 的电场强度分别为 10.48、3.86 和 25.00，从各离子的电场强度关系可以看出，Al^{3+} 的电场强度明显高于 Mg^{2+} 的电场强度，远低于 Si^{4+} 的电场强度，在组成 MgO - Al₂O₃ - SiO₂ 系时，Al^{3+} 会吸引 MgO 中 O^{2-} 而减弱 Mg - O 的键力，导致高温状态下 MgO - SiO₂ 系统中形成部分非稳定相顽火辉石。

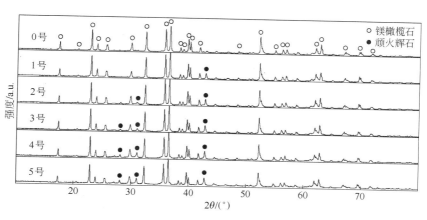

图 3 - 3　不同氧化铝加入量的镁橄榄石材料 XRD 图谱

图 3 - 4 为 MgO - Al₂O₃ - SiO₂ 系统中可能出现的 5 种化学反应吉布斯自由能与温度关系图。从热力学角度分析，反应形成董青石的 ΔG 值最低，形成顽火辉石的 ΔG 值次之。形成镁橄榄石的 ΔG 值高于形成董青石和形成顽火辉石的 ΔG 值，说明在高温状态下，与形成镁橄榄石相比，系统中更容易出现顽火辉石相和董青石相。但考虑到 1500℃ 的煅烧温度高于董青石 - 镁橄榄石 - 顽火辉石系统的低共熔温度（1365℃），该煅烧温度下系统中已经出现了部分液相，液相对主晶相镁橄榄石相中镁离子的溶解作用也促进了顽火辉石相的形成，同时由于氧化铝的加入促进了董青石相的形成，形成董青石

过程中降低了系统中二氧化硅的浓度，为形成顽火辉石创造了条件。反应生成镁铝尖晶石和莫来石的反应吉布斯自由能相对较高，因此这两种反应不易进行，XRD 谱中特征峰性质看也说明了这一点。

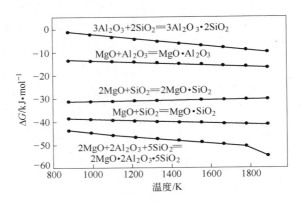

图 3 – 4　反应式吉布斯自由能与温度的关系

3.3.1.2　氧化铝对镁橄榄石晶格常数的影响

氧化铝的加入促进了镁橄榄石中低熔点矿相顽火辉石的形成，在一定程度上促进了镁橄榄石的烧结。为进一步说明氧化铝对反应物（活性轻烧氧化镁粉和天然硅石）的作用机理，以及对合成镁橄榄石结构的影响，试验分析了氧化铝对镁橄榄石晶格常数和晶胞体积。通过 XRD 图谱中合成镁橄榄石特征峰性质判断合成的镁橄榄石属于正交晶型 *Pmnb* 空间群。根据正交晶型中晶面间距 d、晶面指数（h、k、l）及晶格常数 a、b、c 之间的关系式 $\dfrac{1}{d_{hkl}^2} = \left(\dfrac{h}{a}\right)^2 + \left(\dfrac{k}{b}\right)^2 + \left(\dfrac{l}{c}\right)^2$，利用 X′ Pert Plus 软件对不同 2θ 位置的镁橄榄石特征峰进行拟合，结合特征峰对应的不同晶面间距 d 值，计算出镁橄榄石晶格常数及晶胞体积。

图 3 – 5 为 0 ~ 5 号试样中镁橄榄石相晶格常数 a、b、c 及晶胞体积变化趋势图。从图中镁橄榄石晶格常数和晶胞体积的变化趋势上看，随着氧化铝加入量的增加，橄榄石相晶格常数和晶胞体积整体

上表现为逐渐增大趋势。从氧化铝对活性轻烧氧化镁的置换固溶缺陷反应方程式（3-2）和式（3-3）分析，溶质离子与溶剂离子的半径大小关系为 $\Delta r_1 = \frac{r_{Mg^{2+}} - r_{Al^{3+}}}{r_{Mg^{2+}}} \times 100\% \approx 25.7\%$，$30\% > \Delta r_1 > 15\%$ 满足形成有限固溶的基本条件。

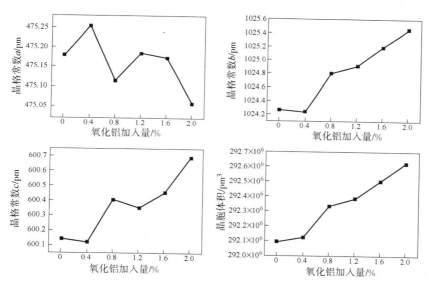

图 3 - 5　镁橄榄石晶格常数及晶胞体积与氧化铝加入量关系图

$$Al_2O_3 \xrightarrow{MgO} 2Al^{\cdot}_{Mg} + V''_{Mg} + 3O_O \tag{3-2}$$

$$Al_2O_3 \xrightarrow{MgO} 2Al^{\cdot}_{Mg} + O''_i + 2O_O \tag{3-3}$$

同时菱镁矿风化石经过轻烧后所形成的氧化镁具有较高活性有利于缺陷的形成。如氧化铝对天然硅石的置换固溶缺陷反应方程式（3-4）和式（3-5）所示。

$$Al_2O_3 \xrightarrow{SiO_2} \frac{3}{2}Al'_{Si} + \frac{1}{2}Al^{\cdots}_i + 3O_O \tag{3-4}$$

$$Al_2O_3 \xrightarrow{SiO_2} 2Al'_{Si} + V^{\cdots}_O + 3O_O \tag{3-5}$$

溶质离子与溶剂离子的半径大小关系为 $\Delta r_2 = \frac{r_{Al^{3+}} - r_{Si^{4+}}}{r_{Si^{4+}}} \times 100\%$

≈33.8%，$\Delta r_2 > 30\%$ 使氧化铝在理论上更容易与天然硅石形成莫来石。分析认为，反应初期反应物中加入氧化铝促进了反应物中结构缺陷的形成。结构缺陷的形成增加了反应物的晶格能，加快了反应物离子的扩散，有利于镁橄榄石相的形成[85]。从图 3 - 4 中反应热力学分析可以发现反应形成莫来石可能性相对较小，加之天然硅石活性较低也不利于在结构中形成结构缺陷。

随着反应物中离子的相互扩散，系统中镁橄榄石相逐渐形成，以有限固溶形式存在于镁橄榄石中的铝离子造成了镁橄榄石结构中出现结构缺陷，影响了镁橄榄石晶格常数和晶胞体积。从镁橄榄石相的结构上看，Mg - O 形成了 [MgO₆] 八面体，Si - O 形成 [SiO₄] 四面体，[SiO₄] 四面体孤立存在，[MgO₆] 八面体与 [SiO₄] 四面体共顶或共棱连接。硅离子充填于氧离子密堆体的 1/8 四面体孔隙，镁离子充填于氧离子密堆体 1/2 八面体孔隙。置换了镁离子位置的铝离子占据氧离子密堆体中的八面体孔隙，结构中形成镁离子空位或间隙氧离子。同时由于铝离子半径小于镁离子半径，铝离子容易进入镁橄榄石结构中剩余 1/2 八面体孔隙，形成间隙铝离子。镁橄榄石结构中一旦形成间隙铝离子或由于铝离子置换作用而形成的间隙氧离子都会导致晶格常数及晶胞体积的增大，从图 3 - 5 所示的镁橄榄石晶格常数和晶胞体积的变化趋势上看也证明了以上分析。

3.3.1.3 氧化铝对菱镁矿风化石制备的镁橄榄石材料微观结构的影响

图 3 - 6 为不同加入量氧化铝对菱镁矿风化石与天然硅石制备镁橄榄石材料的微观结构图。0 号试样为未加入氧化铝的镁橄榄石的显微结构，结构中镁橄榄石晶粒发育良好，晶粒菱角分明，晶粒大小约为 5 ~ 15μm。而从加入 0.8% 氧化铝的 2 号试样微观结构可以看出，镁橄榄石晶粒菱角变得模糊，结构中出现了由于高温液相冷却收缩所形成的较多开气孔。对比图中 3 号和 5 号试样与 2 号试样的微观结构，随着氧化铝加入量的增加，镁橄榄石结构中液相逐渐增多，气孔形式也由开气孔形式转变成半开气孔和封闭气孔形式。

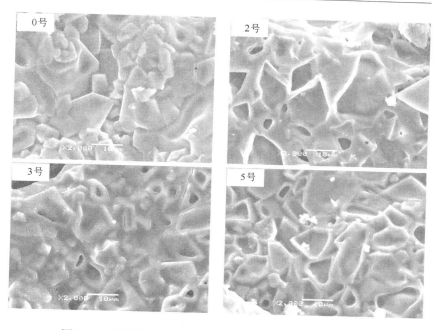

图 3 – 6　镁橄榄石试样（0 号、2 号、3 号和 5 号）SEM 图

图 3 – 7 为不同氧化铝加入量对镁橄榄石材料相对结晶度的影响。从图中试样相对结晶度的变化趋势可以看出，除氧化铝加入量为 0.4% 的试样相对结晶度小幅增大之外，其他试样相对结晶度均随着氧化铝加入量增加而逐渐减小。分析认为加入氧化铝导致镁橄榄石结构中缺陷的形成，促进了固

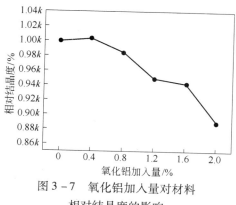

图 3 – 7　氧化铝加入量对材料相对结晶度的影响

相反应过程中镁橄榄石结构中液相量的增大[86]。虽然在一定程度上加速了固相反应速度，但是大量的高温液相会阻止镁橄榄石晶粒的发育和长大。从镁橄榄石试样相对结晶度降低趋势也可以说明，合

成镁橄榄石材料中加入氧化铝会促进高温液相形成，不利于材料中结晶相的形成。

3.3.2 氧化铬对合成镁橄榄石材料组成结构的影响

3.3.2.1 氧化铬对菱镁矿风化石制备镁橄榄石材料相组成的影响

图 3 – 8 为不同氧化铬加入量的镁橄榄石试样的 XRD 图谱。从 6 ~ 10 号图中特征峰性质看出，随着氧化铬加入量的增加，试样中出现了较为明显的顽火辉石相的衍射特征峰，并且特征峰的强度逐渐增加。分析认为氧化铬引入导致镁橄榄石试样中形成顽火辉石的原因是不同离子的电场强度不同。如氧化铬引入对镁橄榄石材料中物相变化影响，同在六配位的情况下，Cr^{3+} 及镁橄榄石结构中 Mg^{2+} 和 Si^{4+} 的电场强度分别为 7.92、3.86 和 25.00。从各离子的电场强度关系可以看出，Cr^{3+} 的电场强度明显高于 Mg^{2+} 的电场强度，远低于 Si^{4+} 的电场强度。在组成 $MgO – Cr_2O_3 – SiO_2$ 系统时，Cr^{3+} 会吸引 MgO 中 O^{2-} 而减弱 Mg – O 的键力，导致高温状态下 $MgO – SiO_2$ 系统中形成部分顽火辉石相。

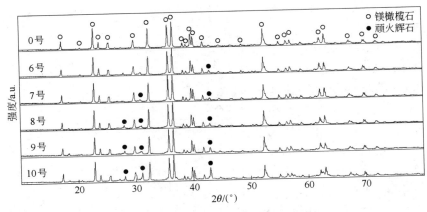

图 3 – 8   不同氧化铬加入量镁橄榄石材料的 XRD 图谱

图 3 – 9 为 $MgO – Cr_2O_3 – SiO_2$ 系统中各反应物反应式吉布斯自

由能与温度的关系图。从镁铬尖晶石、镁橄榄石和顽火辉石的反应式吉布斯自由能随温度变化的趋势图可知，反应形成顽火辉石的 ΔG 值最低；反应形成镁橄榄石的 ΔG 值介于反应形成顽火辉石和镁铬尖晶石的 ΔG 值之间。当温度高于 1557K（1280℃）时，反应形成镁铬尖晶石的 ΔG 值大于零，说明在高温状态下，氧化镁与氧化铬形成镁铬尖晶石的可能性较小。考虑到试验煅烧温度为 1500℃，因此高温状态下系统中更容易出现顽火辉石相。而顽火辉石为不一致熔融二元化合物，在 1557℃分解形成液相和镁橄榄石相。顽火辉石分解温度高于试验温度（1500℃），因此理论上在试验温度下出现顽火辉石相的可能性较大。试验采用菱镁矿风化石及天然硅石为原料，添加剂氧化铬及原料中杂质氧化钙和氧化铁等在高温条件下容易导致结构中形成部分液相。

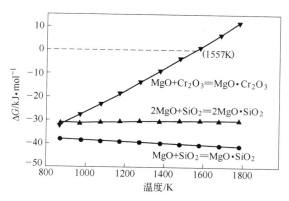

图 3 – 9   MgO – Cr₂O₃ – SiO₂ 系统反应式吉布斯自由能与温度的关系

3.3.2.2　氧化铬对镁橄榄石晶格常数的影响

图 3 – 10 为不同氧化铬加入量的镁橄榄石相晶格常数和晶胞体积变化趋势图。从图中可以看出，随着氧化铬加入量的增加，镁橄榄石相晶格常数和晶胞体积逐渐增加。通过 XRD 图谱中合成镁橄榄石特征峰性质判断了试验合成的镁橄榄石始终保持着正交晶型 *Pm-nb* 空间群。导致橄榄石相晶格常数和晶胞体积增大的主要原因认

为是氧化铬中铬离子在反应物（活性轻烧氧化镁和天然硅石）及生成物（镁橄榄石）中的置换作用使镁橄榄石的晶体结构出现了缺陷。

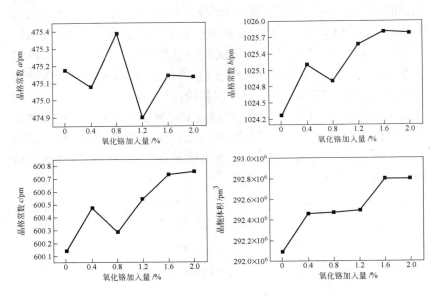

图 3 – 10   镁橄榄石晶格常数及晶胞体积与氧化铬加入量关系图

假设氧化铬在固相反应初期均与反应物发生了置换固溶作用，那么氧化铬在活性氧化镁中的缺陷反应方程式为式（3 – 6）和式（3 – 7）所示。

$$Cr_2O_3 \xrightarrow{MgO} 2Cr_{Mg}^{\cdot} + V_{Mg}'' + 3O_O \qquad (3-6)$$

$$Cr_2O_3 \xrightarrow{MgO} 2Cr_{Mg}^{\cdot} + O_i'' + 2O_O \qquad (3-7)$$

其中溶质离子与溶剂半径关系为 $\Delta r_1 = \dfrac{r_{Mg^{2+}} - r_{Cr^{3+}}}{r_{Mg^{2+}}} \times 100\% \approx$ 14.6%，按照溶质离子与溶剂离子的半径大小关系看，Δr_1 接近 15%，因此铬离子在活性氧化镁中更容易形成有限置换固溶，并且菱镁矿风化石经过轻烧后所形成的活性氧化镁具有较高活性更促进了置换固溶的形成。氧化铬对天然硅石中的置换固溶缺陷反应方程式为式（3 – 8）和式（3 – 9）所示。

$$Cr_2O_3 \xrightarrow{SiO_2} \frac{3}{2}Cr'_{Si} + \frac{1}{2}Cr_i^{\cdots} + 3O_O \tag{3-8}$$

$$Cr_2O_3 \xrightarrow{SiO_2} 2Cr'_{Si} + V_O^{\cdot\cdot} + 3O_O \tag{3-9}$$

其中溶质离子与溶剂半径关系为 $\Delta r_2 = \dfrac{r_{Cr^{3+}} - r_{Si^{4+}}}{r_{Si^{4+}}} \times 100\% \approx$ 53.8%，铬离子在硅石基本不会形成有限固溶，更容易形成化合物。从铬离子与镁离子半径关系上分析，铬离子半径小于镁离子半径，铬离子容易进入镁橄榄石结构中剩余 1/2 八面体孔隙而形成间隙铬离子，导致晶格常数和晶胞体积的增大。同时铬离子置换镁离子所形成的间隙氧离子也会导致镁橄榄石晶格常数及晶胞体积的增大[87]。

3.3.2.3 氧化铬对菱镁矿风化石制备的镁橄榄石材料微观结构的影响

图 3 – 11 为不同氧化铬加入量的镁橄榄石试样 SEM 图。图中 0 号试样为未加入氧化铬的镁橄榄石试样放大 5000 倍的显微结构，结构中镁橄榄石晶粒菱角分明，晶粒大小约为 5 ~ 15μm。而从加入 0.4% 和 0.8% 氧化铬的 6 号和 7 号镁橄榄石试样微观结构可以看出，镁橄榄石晶粒周围出现不同程度的玻璃相，分析认为常温状态下观察到的玻璃相应源于高温时形成的液相。从图 3 – 11 中 8 号的微观结构照片可以看出，镁橄榄石晶粒发育明显较大，晶粒大小约为 15 ~ 25μm。而随着氧化铬加入量增加，9 号和 10 号试样（氧化铬加入量分别为 1.6% 和 2.0%）中基本看不到玻璃相的存在。

图 3 – 12 为不同氧化铬加入量对镁橄榄石试样相对结晶度影响图。从图中可以看出，随氧化铬加入量增加，镁橄榄石试样结晶度逐渐增大。加入氧化铬促进了镁橄榄石在高温液相中析出，同时加入氧化铬在一定程度上加速了离子间相互交换，促进了固相反应的进行。从图中氧化铬加入量为 1.6% 和 2.0% 的 9 号和 10 号镁橄榄石试样的相对结晶度为 1.0702k% 和 1.0721k%。结合 XRD 分析结果认

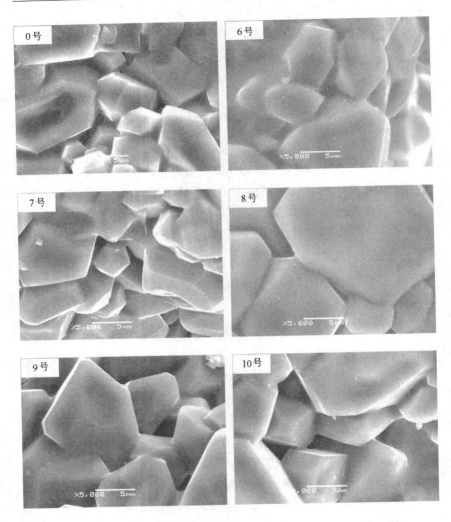

图 3 - 11   镁橄榄石试样（0 号、6 ~ 10 号）SEM 图

为，固相反应形成的镁橄榄石相与结构中形成的玻璃相反应形成了顽火辉石相是导致高温液相减少的主要原因，因此从 9 号和 10 号微观结构照片中也可以看出镁橄榄石相晶粒大小有所减小，氧化铬的加入促进了顽火辉石相的形成。

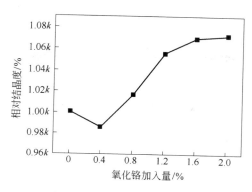

图 3 – 12　氧化铬加入量对镁橄榄石材料相对结晶度的影响

3.3.3　氧化镧对合成镁橄榄石材料组成结构的影响

3.3.3.1　氧化镧对菱镁矿风化石制备镁橄榄石材料相组成的影响

图 3 – 13 为不同氧化镧加入量的镁橄榄石试样 XRD 图谱。图中可以看出主晶相镁橄榄石特征峰性质未因为氧化镧的引入而出现较大变化，而从图中顽火辉石相形成可以发现，氧化镧加入量为 0.4%（11 号）时，顽火辉石的衍射峰强度最高。当氧化镧引入量在

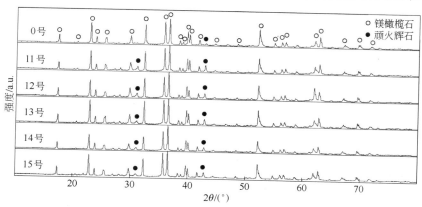

图 3 – 13　不同氧化镧加入量镁橄榄石试样的 XRD 图谱

0.8% ~2.0% （12 ~ 15 号）时，图中顽火辉石衍射峰强度变化不大。XRD 图谱中没有出现与氧化镧相关的物相，以此利用 XRD 图谱提供的不同晶面的晶面指数、晶面间距 d 及镁橄榄石相的晶格常数，来分析氧化镧中镧离子在镁橄榄石固溶作用。

3.3.3.2 氧化镧对镁橄榄石晶格常数的影响

图 3 – 14 为不同氧化镧加入量的镁橄榄石晶格常数和晶胞体积变化趋势图。图中晶格常数 b、c 及晶胞体积变化趋势可以看出，当氧化镧加入量小于 1.2% 时，随着氧化镧加入量的增加，橄榄石相晶格常数 b、c 及晶胞体积逐渐增大；当氧化镧加入量为 1.2% 时，镁橄榄石的晶格常数 b、c 及晶胞体积最大；氧化镧加入量继续增大时，镁橄榄石晶格常数 b、c 及晶胞体积减小。当氧化镧加入量为 1.6% 时，镁橄榄石晶格常数 a 最小。通过 XRD 图谱中合成镁橄榄石特征峰性质判断了合成的镁橄榄石始终保持着正交晶型 $Pmnb$ 空间群。导致橄榄石相晶格常数和晶胞体积出现先增大后减小的主要原因是，氧化镧中镧离子在反应物及生成物镁橄榄石中的置换作用使

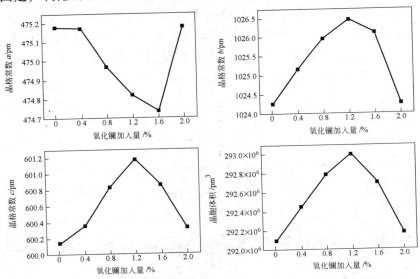

图 3 – 14 镁橄榄石晶格常数及晶胞体积与氧化镧加入量关系图

镁橄榄石的晶体结构出现了缺陷[88]。

氧化镧在固相反应初期在反应物中形成结构缺陷，氧化镧在活性氧化镁中的缺陷反应方程式如式（3 – 10）和式（3 – 11）所示。

$$La_2O_3 \xrightarrow{MgO} 2La_{Mg}^{\cdot} + V_{Mg}'' + 3O_O \qquad (3-10)$$

$$La_2O_3 \xrightarrow{MgO} 2La_{Mg}^{\cdot} + O_i'' + 2O_O \qquad (3-11)$$

因为镧离子与镁离子之间关系为 $\Delta r = \dfrac{r_{La^{3+}} - r_{Mg^{2+}}}{r_{Mg^{2+}}} \times 100\% = 43.3\%$，$\Delta r > 30\%$ 不符合形成有限固溶的基本条件。溶质离子镧离子与天然硅石中的硅离子的置换固溶缺陷反应方程式为如式（3 – 12）和式（3 – 13）所示。

$$La_2O_3 \xrightarrow{SiO_2} \frac{3}{2}La_{Si}' + \frac{1}{2}La_i^{\cdots} + 3O_O \qquad (3-12)$$

$$La_2O_3 \xrightarrow{SiO_2} 2La_{Si}' + V_O^{\cdot\cdot} + 3O_O \qquad (3-13)$$

硅离子与镧离子的半径关系 $\Delta r = \dfrac{r_{La^{3+}} - r_{Si^{4+}}}{r_{Si^{4+}}} \times 100\% = 158.0\%$，看出 $\Delta r \gg 30\%$ 更不符合形成有限固溶体的基本条件。两者更容易形成化合物，而从 XRD 分析中没有发现与镧元素有关的化合物，因此氧化镧中镧离子不能发生所示的缺陷。

轻烧活性氧化镁本身具有较高活性更促进了轻烧氧化镁结构中的结构缺陷形成。由于镧离子在轻烧活性氧化镁中形成有限固溶同样促进了轻烧活性氧化镁与硅石之间的离子交换速度，同时轻烧活性氧化镁由于镧离子的固溶作用所形成的结构缺陷增加了反应物的晶格能，加快了反应物离子的扩散，促进了镁橄榄石相的形成。活性氧化镁保持着菱镁矿母盐结构，氧化镧中离子更容易进入活性氧化镁中，随着反应物离子的相互扩散，系统中镁橄榄石相逐渐形成，导致氧化镧被镁橄榄石结构挤出晶格，与镁橄榄石晶粒周围杂质形成液相，因此在反应初期由于镧离子的固溶作用，镁橄榄石晶格常数和晶胞体积有增大趋势，反应后期镧离子的脱溶作用使得镁橄榄石晶格常数和晶胞体积逐渐恢复正常。

3.3.3.3 氧化镧对菱镁矿风化石制备的镁橄榄石材料微观结构的影响

图 3 - 15 为不同氧化镧加入量的镁橄榄石材料的微观结构影响图。12 号试样为加入 0.8% 氧化镧的镁橄榄石试样，与图 3 - 6 中 0 号试样中镁橄榄石晶粒相比，12 号试样中镁橄榄晶粒形貌有一定程度变化，晶粒大小约为 10 ~ 20μm。加入 1.2% 氧化镧的 13 号试样的微观结构中镁橄榄石晶粒与 12 号试样中镁橄榄石晶粒对比看出，13 号试样中镁橄榄石晶粒有大小更为均匀和致密。氧化镧加入量为 1.2% 时，14 号试样中玻璃相增多。从图中 15 号试样的微观结构也可以看出镁橄榄石晶粒普遍较大，部分镁橄榄石晶粒大于 20μm。

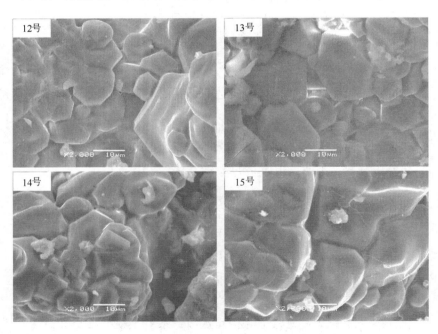

图 3 - 15 镁橄榄石试样（12 ~ 15 号）SEM 图

图 3 - 16 为不同氧化镧加入量镁橄榄石试样的相对结晶度变化趋势图。图中可以看出，当氧化镧加入量为 0.8% 时，镁橄榄石试样相对结晶度最高，相当于 0 号试样相对结晶度的 1.0456 倍。当氧化

镧加入量继续增加时，镁橄榄石试样的相对结晶度逐渐减小。与加入氧化铝、氧化铬的镁橄榄石材料试样相比，低离子场强阳离子 La^{3+} 更易于改善合成镁橄榄石材料中高温液相性质，减少液相对合成镁橄榄石材料的影响。

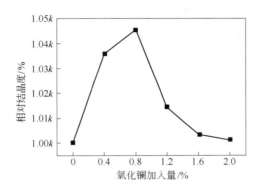

图 3 - 16　氧化镧加入量对镁橄榄石材料相对结晶度的影响

3.3.4　氧化锆对合成镁橄榄石材料组成结构的影响

3.3.4.1　氧化锆对菱镁矿风化石制备镁橄榄石材料相组成的影响

图 3 - 17 为不同氧化锆加入量的镁橄榄石试样的 XRD 图谱。图中 16 ~ 20 号试样中顽火辉石特征峰的强度有所增加，随着氧化锆加入量的增加，试样中顽火辉石的衍射峰强度增加趋势不明显。分析认为氧化锆在镁橄榄石中的置换固溶是导致这种现象的主要原因。为研究氧化锆对镁橄榄石合成制备的影响，本节分析了氧化锆对反应物（活性轻烧氧化镁和硅石）高温状态下形成结构缺陷的影响。

氧化锆在氧化镁中形成的缺陷反应方程及缺陷反应方程式如式（3 - 14）和式（3 - 15）所示。

$$ZrO_2 \xrightarrow{MgO} Zr_{Mg}^{\cdot\cdot} + V_{Mg}'' + 2O_O \qquad (3-14)$$

$$ZrO_2 \xrightarrow{MgO} Zr_{Mg}^{\cdot\cdot} + O_i'' + O_O \qquad (3-15)$$

锆离子占据镁离子位置，为保持电价平衡，结构中出现了带负

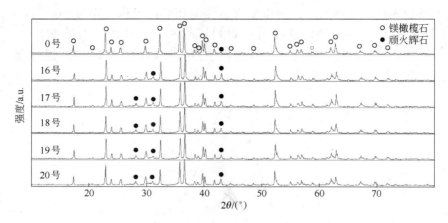

图 3 - 17   不同氧化锆加入量镁橄榄石材料的 XRD 图谱

电的间隙氧离子或镁离子空位。溶质锆离子与溶剂镁离子的半径关

系如 $\Delta r_1 = \dfrac{r_{Zr^{4+}} - r_{Mg^{2+}}}{r_{Mg^{4+}}} \times 100\% \approx 0.0\%$，镁离子与锆离子半径接近，

为形成连续固溶创造了条件。从 16 ~ 20 号试样 XRD 图谱中可以看
出除镁橄榄石和氧化镁的衍射峰外，还有明显的顽火辉石的衍射峰，
分析认为氧化锆中锆离子可以置换氧化镁中镁离子，氧化锆与镁橄
榄石的晶体结构相差较大。镁橄榄石属正交晶系 $Pmnb$ 空间群，氧化
锆的正交晶体结构所属 $Pbc21$ 空间群。氧化锆在天然硅石中的置换
固溶缺陷反应方程式如式（3 - 16）所示。

$$ZrO_2 \xrightarrow{SiO_2} Zr_{Si} + 2O_O \tag{3 - 16}$$

溶质锆离子与溶剂硅离子的半径关系如 $\Delta r_2 = \dfrac{r_{Zr^{4+}} - r_{Si^{4+}}}{r_{Si^{4+}}} \times 100\%$

$= 80.0\%$，锆离子与硅离子半径差距较大，$\Delta r_2 \gg 30\%$，因此基本不
会形成如式（3 - 16）所示的结构缺陷。分析认为结构缺陷的形成增
加了反应物的晶格能，加快了反应物离子的扩散速度，有利于镁橄
榄石相的形成。

3.3.4.2   氧化锆对镁橄榄石晶格常数的影响

图 3 - 18 为加入不同氧化锆的镁橄榄石晶格常数和晶胞体积变

化趋势图。图中可以看出，随着氧化锆加入量的增加，橄榄石相晶格常数 b、c 及晶胞体积逐渐减小。锆离子置换镁离子位置，占据氧离子密堆体中的八面体孔隙，结构中形成镁离子空位或间隙氧离子。考虑到溶质锆离子浓度较小，镁橄榄石结构中氧离子做最紧密堆积，因此很难形成间隙氧离子，形成镁离子空位的可能性较高[89]。镁橄榄石结构中一旦形成镁离子空位会导致晶格常数及晶胞体积的减小。

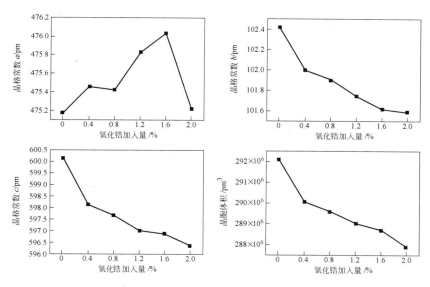

图 3 – 18　镁橄榄石晶格常数及晶胞体积与氧化锆加入量关系图

3.3.4.3　氧化锆对菱镁矿风化石制备的镁橄榄石材料微观结构的影响

图 3 – 19 为不同氧化锆加入量对菱镁矿风化石与天然硅石制备镁橄榄石材料的微观结构影响图。17 号试样为加入 0.8% 氧化锆的镁橄榄石试样，与图 3 – 6 中 0 号试样中镁橄榄石晶粒相比，17 号试样中镁橄榄石晶粒在一定程度上长大，晶粒大小约为 10 ~ 25 μm。氧化锆加入量为 1.2% 的 18 号试样的微观结构中镁橄榄石晶粒大小与 17 号试样中镁橄榄石晶粒大小比较变化不大，但可以发现随着氧化锆加入量增加，试样中镁橄榄石晶粒大小更为均匀。18 号试样中镁

橄榄石晶粒大小约为 20μm，晶粒具有明显的镁橄榄石特征，而晶粒间的间隙比 0 号和 17 号试样中镁橄榄石晶粒间的间隙要大。对比氧化锆加入量为 1.2% ~ 2.0% 的 18 ~ 20 号试样的微观结构，19 号、20 号试样结构中的镁橄榄石晶粒出现开裂和延伸的裂纹，20 号试样中的裂纹比 19 号试样中的裂纹要多。结合 XRD 图谱和镁橄榄石晶格常数结果可以证实氧化锆已经部分进入到镁橄榄石晶粒内并形成固溶体，氧化锆晶型转变及镁橄榄石材料"脆弱"的热震稳定性导致了这种现象的发生。从 19 号和 20 号试样中晶粒大小及晶粒间的间隙情况也可以看出镁橄榄石的结构逐渐变得疏松。

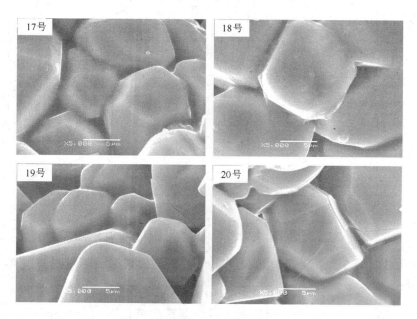

图 3 – 19   镁橄榄石试样（17 ~ 20 号）SEM 图

图 3 – 20 为不同氧化锆加入量镁橄榄石试样相对结晶度变化趋势图。图中可以看出随着氧化锆加入量增大，镁橄榄石试样相对结晶度逐渐减小，当氧化锆加入量为 2.0% 时，20 号试样相对结晶度相当于 0 号试样的 94.93%。以上分析认为，合成镁橄榄石过程中，加入氧化锆可以促进反应物中结构缺陷的形成，加速了反应物离子

的扩散，促进形成镁橄榄石相。同时加入氧化锆的镁橄榄石材料的相对结晶度降低也反映了高价态、高离子场强阳离子的引入不利于改善镁橄榄石材料的液相性质。

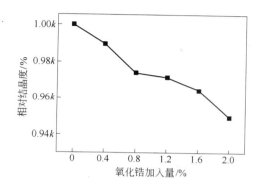

图 3 – 20　氧化锆加入量对镁橄榄石材料相对结晶度的影响

3.3.5　氧化铈对合成镁橄榄石材料组成结构的影响

3.3.5.1　氧化铈对菱镁矿风化石制备镁橄榄石材料相组成的影响

图 3 – 21 为不同氧化铈加入量的试样 XRD 图谱。从图中 21 ~ 25 号试样的特征峰性质分析，氧化铈的引入使材料中顽火辉石相有所增加，但当氧化铈加入量增加到 0.8% 时，顽火辉石衍射峰强度最高。当氧化铈加入量大于 0.8%，继续增加到 2.0% 时，图中顽火辉石呈现逐渐消失趋势。同时图中氧化铈的衍射峰逐渐出现，随着氧化铈加入量增加，其衍射峰强度逐渐增强，说明铈离子可能已经从镁橄榄石固相反应的过程中分离出来了。

3.3.5.2　氧化铈对镁橄榄石晶格常数的影响

图 3 – 22 为不同氧化铈加入量的镁橄榄石晶格常数和晶胞体积变化趋势图。图中可以看出，镁橄榄石晶格常数和晶胞体积均随着氧化铈加入量增加，呈现减小趋势。从镁橄榄石晶格常数 a、b 和 c 的变化趋势上看，晶格常数 b 和 c 的变化趋势大于 a 的变化趋势。说

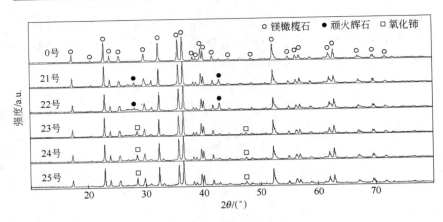

图 3 – 21   不同氧化铈加入量镁橄榄石材料的 XRD 图谱

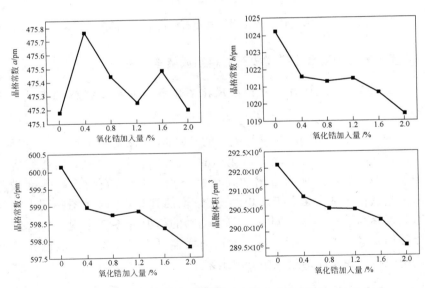

图 3 – 22   镁橄榄石晶格常数及晶胞体积与氧化铈加入量关系图

明氧化铈的引入对镁橄榄石晶胞各方向矢量影响不同。氧化铈的引入使镁橄榄石晶格常数降低的原因是，四价铈离子半径远大于镁橄榄石中其他硅离子半径，铈离子与氧离子的半径比为 0.7386，铈离子与氧离子理论上形成 [CeO₈] 立方体或在一定程度上形成

［CeO₆］八面体，镁橄榄石结构中，硅离子与氧离子形成［SiO₄］四面体。结构中镁离子半径与四价铈离子半径接近，镁离子与氧离子形成［MgO₆］八面体。因此铈离子置换镁离子可能性最强，铈离子置换镁离子的缺陷反应方程式如式（3 – 17）和式（3 – 18）所示。

$$CeO_2 \xrightarrow{MgO} Ce_{Mg}^{\cdot\cdot} + V_{Mg}'' + 2O_O \qquad (3-17)$$

$$CeO_2 \xrightarrow{MgO} Ce_{Mg}^{\cdot\cdot} + O_i'' + O_O \qquad (3-18)$$

　　四价铈离子置换镁橄榄石中二价的镁离子时带正电，为保持电平衡，结构中会出现带负电的镁离子空位或形成带负电的间隙氧离子。离子半径较大的铈离子置换离子半径较小镁离子时，镁橄榄石晶格常数有变大趋势。同时与此相伴生的镁离子空位使镁橄榄石晶胞有减小趋势。少量的氧化铈引入到镁橄榄石配料中形成以铈离子为基准的式（3 – 17）缺陷反应方程式的可能性更小，而形成以氧离子为基准的式（3 – 18）的缺陷反应式的可能性较高，形成的铈离子置换镁离子结构及镁离子空位结构导致了镁橄榄石晶格常数和晶胞体积随着氧化铈加入量的增加而逐渐减小。

3.3.5.3　氧化铈对菱镁矿风化石制备镁橄榄石材料微观结构的影响

　　图 3 – 23 为不同氧化铈加入量对菱镁矿风化石与天然硅石制备镁橄榄石材料的微观结构 SEM 图。

　　图中 21 号试样为加入 0.4% 氧化铈的镁橄榄石试样与图 3 – 6 中 0 号试样镁橄榄石晶粒相比，21 号（氧化铈加入量为 0.4%）试样中镁橄榄晶粒形貌有一定程度变化，晶粒大小约为 10μm。氧化铈加入量为 1.2% 的 23 号试样的微观结构中镁橄榄石晶粒大小与 21 号试样中镁橄榄石晶粒大小相比，23 号试样中镁橄榄石晶粒有异常长大现象，某些镁橄榄石晶粒大于 20μm。当氧化铈的加入量大于 1.2% 时，随着加入量继续增加，镁橄榄石出现了碎裂现象，结构中的玻璃相增多。从 24 号（氧化铈加入量为 1.6%）试样的微观结构中可以看出镁橄榄石晶体结构中出现有"白色区域"的氧化铈。从图 25 号（氧化铈加入量为 2.0%）试样的微观结构也可以看出常温状态

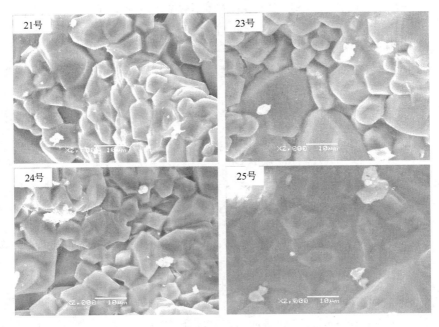

图 3 - 23   镁橄榄石试样（21 号、23 ~ 25 号）SEM 照片

的镁橄榄石试样中玻璃相较多，说明高温状态下镁橄榄石结构中的
高温液相的存在，同样也可以看到的"白色"的氧化铈，并且出现
了聚集现象。过量的氧化铈添加到镁橄榄石配料中，会使镁橄榄石
结构中出现氧化铈的结晶相[90]。

图 3 - 24 为不同氧化铈加入量的镁橄榄石试样相对结晶度变化
趋势图。图中变化趋势可以看出，当氧化铈加入量为 1.2% 时，镁橄
榄石试样相对结晶度最高，相当于 0 号配方试样的 1.0367 倍。当氧
化铈加入量大于 1.2% 时，随着氧化铈加入量增加，镁橄榄石试样的
相对结晶度逐渐降低。结合 XRD 分析和 SEM 分析结果认为合成镁橄
榄石过程中，加入适量氧化铈可以减少镁橄榄石结构中顽火辉石的
存在数量，改善镁橄榄石材料中高温液相性质。加入 1.2% 氧化铈的
镁橄榄石材料相对结晶度最高，液相对合成镁橄榄石影响最小。

综合以上分析，首先对比研究了三种三价金属氧化物和两种四

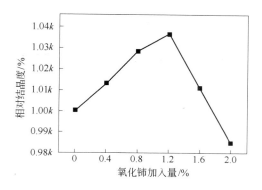

图 3 – 24　氧化铈加入量对材料相对结晶度的影响

价金属氧化物对合成正交晶系镁橄榄石材料物相组成、晶格常数、晶胞体积、材料微观结构及相对结晶度的影响。结果发现加入氧化铝、氧化铬、氧化镧三种三价金属氧化物的配方试样中镁橄榄石相晶格常数 b、c 和晶胞体积均随着添加剂加入量增加而逐渐增大，其中氧化镧加入量大于 1.2% 时，镁橄榄石晶格常数 b、c 和晶胞体积呈现减小趋势；加入氧化锆、氧化铈两种四价金属氧化物的配方试样中，由于锆离子和铈离子的置换作用，镁橄榄石结构中形成镁离子空位可能性增强，镁橄榄石相晶格常数 b、c 和晶胞体积均随着添加剂加入量增加而逐渐减小。加入氧化铬的镁橄榄石配方试样相对结晶度随着添加剂加入量增加而逐渐增大；加入氧化镧和氧化铈的镁橄榄石配方试样相对结晶度均出现先增大后减小趋势，当氧化镧、氧化铈加入量分别为 0.8% 和 1.2% 时，试样相对结晶度分别为各种配方试样中的最高值；适量加入氧化铈等添加剂可以改善镁橄榄石材料中高温液相性质，减少液相对合成镁橄榄石材料的影响。

4 $Al_2O_3 - SiO_2$ 系合成材料的组成、结构及性质

4.1 $Al_2O_3 - SiO_2$ 系二元系统相图

图 4 – 1 为氧化铝 – 二氧化硅二元系统相图。二元系统相图两端纯氧化铝和二氧化硅熔点分别为 2050℃ 和 1723℃。氧化铝作为一种有价值的高熔点氧化物，属于刚玉型（$\alpha - Al_2O_3$）结构，三方晶系。按照 $\dfrac{r_{Al^{3+}}}{r_{O^{2-}}} = 0.432$，三价铝离子形成铝氧八面体 ［$AlO_6$］，三价铝离子静电键强度为 1/2，这样刚玉的结构中，大体相当于氧离子做 ABAB……六方密堆，三价铝充填于密堆体的 2/3 八面体孔隙，有 1/3 是空着的，三价铝离子在八面体孔隙中的位置与六个氧离子的距离不同，其中三个较近为 0.189nm，三个较远为 0.193nm。由于六方密堆体八面体孔隙在三维空间呈串状分布，为共面连接，三价铝离子

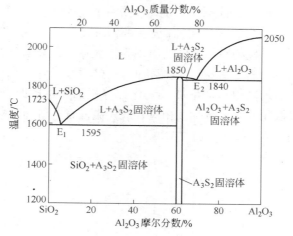

图 4 – 1 氧化铝 – 二氧化硅二元系统相图

在这种孔隙中的充填方式，尽管降低了结构的对称性，却减少了三价铝离子间自身的静电斥力，增加了结构的稳定性。加之三价铝离子的静电键强度也较大，所以 α - Al_2O_3 结构稳定，硬度大（莫氏9），熔点高，化学稳定性好，为极具工业价值的耐火氧化物。但刚玉的热膨胀系数稍大，常温至 1000℃ 平均为 $8.8 \times 10^{-6}℃^{-1}$，所以刚玉为主晶相的耐火制品抗热冲击能力差。

系统内有化合物莫来石，组成为 $3Al_2O_3 \cdot 2SiO_2$（以下简写 A_3S_2）。莫来石是在苏格兰西部一小岛莫尔岛的火山喷出岩中被发现的，由其故乡得名，自然界中的莫来石很少。莫来石属链状硅酸盐，针状或柱状结晶，熔点 1850℃，线膨胀系数小，常温至 1000℃ 平均为 $5.3 \times 10^{-6}℃^{-1}$，抗热冲击能力很强。人们把它描绘成陶瓷学家卓越的硅酸盐，可能是源于它在自然界中的稀少和卓越的性能。莫来石的理论组成为 Al_2O_3 71.8%，SiO_2 28.2%（质量分数）。相当于 Al_2O_3 与 SiO_2 质量比为 2.55。实际上莫来石在结构中可溶入过剩的氧化铝，高达组成为 A_2S，约相当于 77.3% 氧化铝，故其组成在 $A_3S_2 \sim A_2S$ 范围内波动，为莫来石固溶体（简化用 A_3S_2 表示），组成在固溶体范围内的莫来石，1850℃ 以下不出现液相。

由于莫来石的存在，氧化铝 - 二氧化硅二元系被分为 SiO_2 - A_3S_2 和 A_3S_2 - Al_2O_3 两个子系统，莫来石成为系统内性能差异一个重要分界线。SiO_2 - A_3S_2 子系统的共熔温度 1595℃，共熔组成点氧化铝质量分数仅为 5.5%。靠近二氧化硅侧，共存固相为莫来石和方石英。共熔点右侧的固、液两相区，莫来石的数量随氧化铝含量提高而增加，尽管相组合没变，但由于范围较宽，性能上差异还是较大。A_3S_2 - Al_2O_3 子系统共熔温度 1840℃，共熔组成点靠近 A_3S_2 侧，约相当于 79% 氧化铝，共存固相为莫来石和刚玉两个高熔点物相，这表明氧化铝 - 二氧化硅二元系统材料中当氧化铝含量或 $w(Al_2O_3)/w(SiO_2)$ 超过莫来石理论组成时，系统开始出现液相温度，提高了近 250℃，材料的性能将产生重要变化。氧化铝 - 二氧化硅二元系相图对推断硅酸铝质耐火材料性能随 $w(Al_2O_3)/w(SiO_2)$（简写 A/S）的变化而改变，和判断氧化铝对硅质耐火材料高温性能的影响等具有指导意义。

4.2　固相反应合成 $Al_2O_3 - SiO_2$ 系材料的基础研究

实验选择红柱石作为合成莫来石的主要原料，红柱石是蓝晶石族矿物之一，这族矿物包括红柱石、硅线石和蓝晶石。这三种矿物有相同的化学组成（$Al_2O_3 \cdot SiO_2$），但因为具有不同的晶体结构，所以物理性质稍有不同。从理论上说，该族矿物含氧化铝 62.9%、二氧化硅 37.1%。因此，蓝晶石族矿物处于含氧化铝 37% 的高岭土耐火材料和含氧化铝 80% ~90% 的铝矾土耐火材料之间，属于中等含铝的铝硅酸盐耐火材料范围。

红柱石的晶体结构中，阳离子 Al 有两种配位。其中有一半 Al 的配位数为 6，组成 [AlO_6] 八面体；另一半 Al 的配位数为 5。八面体以共棱方式联结，沿 c 轴方向连成链状，链间以配位数为 5 的 Al 和 [SiO_4] 四面体相联结。阴离子 O 有两种配位情况，一种是与一个 Si 和两个 Al 相联结，参与 [SiO_4] 四面体；另一种是与三个 Al 相联结，不参与 [SiO_4] 四面体。红柱石的耐火度很高，最高为 1800℃ 以上，并且具有耐骤热骤冷和机械强度大等一系列良好的性能，如气孔率低、热传导性低以及天然的单晶结构等。红柱石的这些的良好性能使耐火制品具有气孔率低、导热性低、体积稳定性好、机械强度高、抗蠕变性好、抗热震性高及化学稳定性良好等特性。

4.2.1　合成 $Al_2O_3 - SiO_2$ 系材料固相反应

红柱石在高温下发生莫来石化生成莫来石和二氧化硅，在转化过程中，伴随着一定的体积膨胀，体膨胀率约为 3% ~6%，由于其体膨胀率小，故可以直接用做耐火原料。黏土制品的耐火度通常为 1580 ~1750℃，而引入红柱石后耐火度会提升 40 ~250℃。有红柱石参加的耐火制品具有较好的耐磨性，使窑炉的使用寿命有所提高。普通高铝质耐火制品的荷软一般为 1420 ~1550℃，当氧化铝含量大于 70% 时，随氧化铝含量的增加，荷软增大不显著，当引入红柱石后，红柱石发生莫来石化会伴随一定的体积膨胀可以提抗荷重软化带来的体积压缩，荷软可提高到 1600 ~1670℃。红柱石受热转化为莫来石，是一个不可逆的过程，其形成莫来石和二次莫来石在高温下具有较好的体积稳定性，较小线变化率，较高的机械强度和较强的抗热冲击力等特点，并且红柱石莫来石化后产生的二氧化硅也会愈合急冷急热所产生的微小裂纹，因此具有较好的耐急冷急热性。加入红柱石后，在一定温度下红柱石转化为莫来石，而产生的二氧化硅玻璃相可以封闭部分气孔，降低了产品的气孔率。

4.2.2 Al_2O_3 - SiO_2 系合成材料固相反应传质

莫来石是氧化铝 - 二氧化硅二元系统在常压下唯一稳定存在的二元化合物。莫来石具有抗热震性好、耐火度高、抗化学侵蚀抗蠕变、体积稳定性好、荷重软化温度高、电绝缘性强等性质，是理想的高级耐火原料，被广泛应用于冶金、陶瓷、玻璃、国防、化学、燃气、电力和水泥等工业，所以莫来石是氧化铝 - 二氧化硅系中的一个"亮点"。在莫来石组成左右两侧的材料，左侧引入氧化铝，右侧引入二氧化硅，都会使组成进入莫来石固溶体中，不但获得了具有卓越性质的莫来石，提高了材料的性能，而且还利用莫来石合成时体积膨胀效应来缓解材料的烧结收缩，制得体积稳定的制品或微膨胀技术的制品。

然而世界上尚未发现具有经济价值的天然莫来石矿，但可以利用其他矿物（如高岭石、叶蜡石、硅线石、红柱石、蓝晶石等）在高温下的莫来石化人工合成莫来石或在材料中直接生成莫来石相，从而得到我们所需的高性能材料。英、美等国家利用容易得到的矿物来人工合成莫来石，我国也有科学工作者应用不同原料进行过研制，但多以用矾土等原料添加"三石"（硅线石、红柱石、蓝晶石）为主。

红柱石在1300℃左右分解，不可逆地转化为莫来石。

$$3(Al_2O_3 \cdot SiO_2) \longrightarrow 3Al_2O_3 \cdot 2SiO_2 + SiO_2 \qquad (4-1)$$

该反应被称为一次莫来石化反应，伴随3%~5%体积膨胀。莫来石在红柱石晶体的表面、裂隙壁和缺陷富集区域成核并长大。红柱石转化的莫来石仍保留原母盐假象内部含有众多毛细管的晶体。莫来石化反应生成的富氧化硅玻璃相充满了毛细管。在1600℃时仅有3.5%玻璃相被排挤到莫来石晶体之外。完全转化时生成约17%

的富二氧化硅玻璃相和 83% 的莫来石。该反应是经过沉淀 – 溶解机理完成的一次莫来石化反应。红柱石中的杂质可降低液相生成温度、增加液相含量以及降低液相的黏度，进而促进反应传质。

4.2.3　$Al_2O_3 - SiO_2$ 系合成材料固相反应影响因素

莫来石是氧化铝 – 二氧化硅二元系统中最有价值的一种固溶体化合物。合成莫来石的方法一般包括：溶胶 – 凝胶法、沉淀法、颗粒涂层法、喷雾热解法、水解法、水热晶化法、电熔法、烧结法以及固相反应合成法等。溶胶 – 凝胶法、沉淀法、颗粒涂层法、喷雾热解法、水解法、水热晶化法等主要用于合成高纯莫来石，电熔法、烧结法以及固相反应合成法则主要用于合成工业级莫来石。其中溶胶 – 凝胶法是无机盐或金属醇盐经水解直接形成溶胶或经解凝形成溶胶，然后使溶质聚合凝胶化，再将凝胶干燥、焙烧去除有机成分，得到莫来石粉末，此方法所获得的莫来石颗粒通常粒径在 0.02 ~ 2μm。沉淀法分为共沉淀和均匀沉淀法，共沉淀法通常往溶液中添加沉淀剂生成沉淀，均匀沉淀法通过往溶液中滴加尿素、六甲基四胺等沉淀剂改变溶液的 pH 值，之后沉淀剂发生分解，并生成沉淀。用沉淀法制备的莫来石前驱物，其莫来石化温度较低莫来石粉末颗粒细小、分散较好，并且烧结性好。颗粒涂层法是用表面有吸附水膜的 $a - Al_2O_3$ 颗粒加入正己烷和 TEOS 混合溶液，然后通过搅拌、超声波分散和添加表面活性剂使 $a - Al_2O_3$ 颗粒分散悬浮于溶液中。用颗粒涂层法制备的莫来石坯体的烧结致密化温度比电熔法和烧结法低。喷雾热解法是将硝酸铝和正硅酸乙酯溶于甲醇 – 水混合溶液中制得初始溶液，通过各种物理手段进行雾化，以获得超微粒子的一种化学与物理相结合的方法。

传统烧结法合成莫来石是用硅石、高铝矾土、高岭土和硅线石族矿物等按莫来石的理论组成，经混合、细磨、脱水、真空混练，然后在回转窑或隧道窑中煅烧。莫来石化过程主要通过铝、硅、氧离子相互扩散完成，属于固态反应，原料粒度大小和烧结温度对合成莫来石进程有重要影响。烧结法合成莫来石的煅烧温度主要取决于原料的稳定性、结晶性、粒度和纯度等因素，莫来石一般在

1200℃开始生成，1650℃时完成，1700℃以上莫来石结晶发育良好。由于烧结过程中硅离子、铝离子的低扩散性使得致密化和晶粒生长所需的活化能非常高，通常要获得完全致密化需要很高的烧结温度（大于1700℃）。因此采用中低温烧结是近年来研究的一大热点，为此不少学者进行强化烧结研究，利用添加剂、活化剂或助熔剂等来降低烧结温度，增加烧结速率或抑制晶粒长大，来提高莫来石材料的各项性能。其中以掺杂不同金属离子的方法最为普遍，如许多过渡金属离子可以进入到莫来石的结构中，有研究表明 Ti^{4+}、V^{3+}、V^{4+}、Cr^{3+}、Mn^{2+}、Fe^{2+} 和 Co^{3+} 等均可以进入到莫来石晶体结构中。然而其固溶范围取决于离子半径、氧化态以及合成条件，固溶量以 V^{3+}、Cr^{3+} 和 Fe^{3+} 为最高，9% V_2O_3 和 3.5% V_2O_4 可以进入莫来石结构中，Cr_2O_3 的掺入量最大可以达到12%。过渡金属离子优先进入莫来石结构的八面体间隙中，大部分过渡金属离子具有相对较大的离子半径、高八面体场和低四面体场参数，这是它们容易形成八面体配位的主要原因。当过渡金属离子进入 [AlO_6] 八面体中替代 Al^{3+}，形成的 b 轴比 a 轴线膨胀系数大。莫来石中也可掺入其他离子，Ga_2O_3 的最大掺量约为12%，B_2O_3 掺入量可以达到20%。对于碱金属和碱土金属阳离子，由于离子尺寸较大，Na^+ 只有在较高温度下才能进入到莫来石晶体结构中。Na^+、K^+ 和 Mg^{2+} 进入莫来石中产生的电荷过剩或缺失可分别在 $Al^{3+} - Si^{4+}$ 或 $Si^{4+} - Al^{3+}$ 的替代过程中抵消。Sn^{4+} 可以通过替代八面体位置中的 Al^{3+} 进入莫来石中，Eu_2O_3 在 A_3S_2 莫来石中掺入量为 0.41%，而在 A_2S 莫来石中掺入量为 0.67%。

试验选用红柱石作为主要原料制备莫来石，主要考虑到其在高温下具有莫来石化过程且同时生成的二氧化硅玻璃相对莫来石有很好的润湿性，使得耐火制品具有高的荷重软化温度、抗蠕变能力和抗热震性，且红柱石在使用前不需要预烧处理而能直接用于制作耐火材料制品，因而受到耐火材料行业的广泛青睐。由于红柱石是少有的以氧化物形式存在于自然中的耐火矿物。它不像铝矾土、耐火黏土、镁砂等以氢氧化物或碳酸盐形式存在于自然中。红柱石可以不经任何处理直接用于耐火材料中，并且红柱石经高温后，自身会莫来石化。若能合理利用红柱石的莫来石化作用在材料中生成莫来石，则可大大提高材料的物理性能，又可降低成本。高温材料在高温和冷却过程中易收缩，出现裂缝和剥落，缩短材料的使用寿命。为了控制和减少材料制品在长期高温下收缩，在配料中加入定量的红柱石，利用红柱石在高温下的体积稳定性及相变原理，就可提高材料的荷软和蠕变性能。随着我国选矿技术的进步，高纯度红柱石精矿生产能力逐渐提升。今后，高纯红柱石在高温行业的应用对提高红柱石制品价值具有重要的意义。

4.3 添加剂对合成 $Al_2O_3-SiO_2$ 系材料的影响

试验原料选择天然红柱石和高活性氧化铝，表 4-1 为天然红柱石与高活性氧化铝的化学组成。添加剂氧化钇、氧化锌、氧化钛、氧化镧和氧化铈为分析纯。

表 4-1 天然红柱石与高活性氧化铝的化学成分质量分数（%）

原　料	Al_2O_3	SiO_2	Fe_2O_3	TiO_2	CaO	MgO	Na_2O	K_2O
天然红柱石	60.8	37.9	0.42	0.10	0.05	0.10	0.10	0.15
高活性氧化铝	≥99.6	≤0.1	≤0.05	—	—	—	≤0.05	—

合成莫来石材料基础配方为活性轻烧氧化镁 76.0%、天然硅石 24.0%，分别加入不同含量的氧化钇、氧化锌、氧化钛、氧化镧和氧化铈添加剂。具体试验配方如表 4-2 所示。

工艺采用共磨方法，将表 4-2 所示试验配方采取湿法共磨，对物料进行共湿磨处理，研磨介质为氧化铝研磨球和酒精。对研磨 12h 后浆料进行干燥，干燥制度为 50℃保温 12h，干燥后物料加入 10% ~15% 的 PVA 溶液，造粒并过筛。半干法成型，将造粒后物料置于模具中，制备试样大小 60mm × 60mm ×（2~3）mm，成型压力 50MPa。将干压成型的坯体在 110℃保温 12h 干燥后烧成。试样烧成温度 1500℃，保温 3h 后对合成材料进行表征。

烧后试样用采用德国布鲁克 AXS 公司 D8 Advance 型 X 射线衍射仪（Cu 靶 K_{a1} 辐射，电压为 40kV，电流为 100mA，扫描速度为

4°/min）对原料及样品的物相组成进行分析。采用 X′ Pert Plus 软件对 X 射线衍射图进行拟合，分析莫来石的晶格常数的变化。并利用该软件标定1500℃烧后的 0 号莫来石试样的结晶度为 $k\%$，计算不同添加剂及加入量试样（1～20 号）的相对结晶度。用 SEM 扫描电镜分析试样断口微观结构及组织形貌。

表 4 - 2　不同试验配方中各成分质量分数　　（%）

原料	红柱石	氧化铝	氧化钇	氧化锌	氧化钛	氧化镧	氧化铈
0 号	76.0	24.0	—	—	—	—	—
1 号	76.0	24.0	2	—	—	—	—
2 号	76.0	24.0	4	—	—	—	—
3 号	76.0	24.0	6	—	—	—	—
4 号	76.0	24.0	8	—	—	—	—
5 号	76.0	24.0	—	2	—	—	—
6 号	76.0	24.0	—	4	—	—	—
7 号	76.0	24.0	—	6	—	—	—
8 号	76.0	24.0	—	8	—	—	—
9 号	76.0	24.0	—	—	2	—	—
10 号	76.0	24.0	—	—	4	—	—
11 号	76.0	24.0	—	—	6	—	—
12 号	76.0	24.0	—	—	8	—	—
13 号	76.0	24.0	—	—	—	2	—
14 号	76.0	24.0	—	—	—	4	—
15 号	76.0	24.0	—	—	—	6	—
16 号	76.0	24.0	—	—	—	8	—
17 号	76.0	24.0	—	—	—	—	2
18 号	76.0	24.0	—	—	—	—	4
19 号	76.0	24.0	—	—	—	—	6
20 号	76.0	24.0	—	—	—	—	8

4.3.1　氧化钇对合成莫来石材料组成结构的影响

4.3.1.1　氧化钇对合成莫来石材料相组成的影响

图 4 – 2 所示为加入氧化钇的试样 XRD 图谱及 4 号试样在 20°~ 40°微区图谱。从图中烧后试样 XRD 图谱定性分析可以得出，0 号、

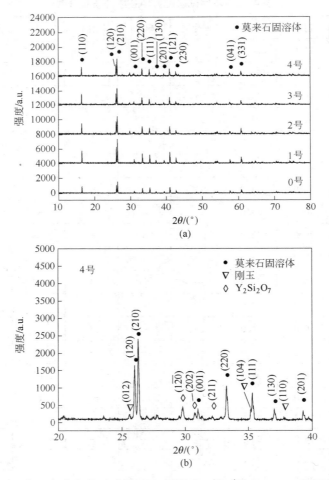

图 4 – 2　加入氧化钇烧后试样 XRD 图谱及 4 号试样在 20°~40°微区图谱

（a）总图谱；（b）20°~40°微区图谱

1号和2号试样主晶相为莫来石固溶体 $Al_{4.52}Si_{1.48}O_{9.74}$，3号和4号试样主晶相为 $Al_{2.3}Si_{7.04}O_{4.85}$。1号和2号试样 XRD 图谱中莫来石固溶体特征晶面（120）和（210）的特征峰强度显著，而随着氧化钇加入量增大，3号和4号试样中莫来石 $Al_{2.3}Si_{7.04}O_{4.85}$ 相特征峰强度明显变弱。通过对4号试样在 $20°\sim40°$ 的微区能谱分析，发现系统组成中除了主晶相莫来石固溶体之外，还形成了刚玉相和 $Y_2Si_2O_4$ 相。此检测结果说明系统中氧化钇加入量增大，氧化钇易与莫来石固溶体中的二氧化硅形成 $Y_2Si_2O_4$ 相，莫来石固溶体中过量 Al_2O_3 以刚玉相形式析出。

4.3.1.2 氧化钇对莫来石晶格常数的影响

图4-3所示为莫来石试样中主晶相莫来石固溶体晶格常数和晶胞体积。试验利用软件对 XRD 图谱进行拟合，计算主晶相莫来石固溶体晶格常数和晶胞体积的影响。可以看出0号、1号和2号试样主晶相莫来石固溶体晶格常数和晶胞体积变化趋势不明显，莫来石固溶体晶格常数 a 随着氧化钇加入量增加而逐渐增大。3号和4号试样中莫来石固溶体晶格常数和晶胞体积较1号和2号试样中莫来石固溶体晶格常数要大，分析认为此检测结果与莫来石固溶体类型有较大程度关系，对于稀土氧化物氧化钇的引入应主要以置换反应为主，三价钇离子半径为 0.090nm，相对于莫来石固溶体中三价铝离子和四价硅离子半径 0.051nm 和 0.040nm，钇离子易于置换铝离子位置，形成 ［YO_6］八面体。因此出现随着氧化钇加入量增大，莫来石晶格常数逐渐增大。然而莫来石中钇离子掺入量有限，当氧化钇加入量大于6%，过量氧化钇与二氧化硅形成 $Y_2Si_2O_4$ 相，莫来石晶格常数呈减小趋势。

4.3.1.3 氧化钇对合成莫来石材料微观结构的影响

图4-4所示为不同氧化钇加入量莫来石试样的 SEM 图。图中分别为未加入氧化钇和加入6%氧化钇的0号和3号试样放大500倍和3000倍的 SEM 图，其中（a）图表示放大500倍的显微结构照片，（b）图表示为放大3000倍的显微结构照片。

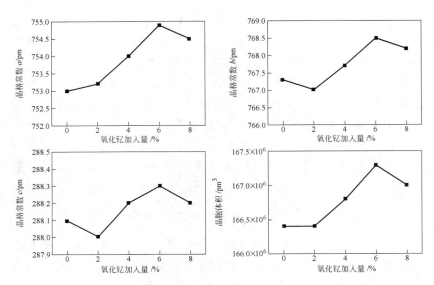

图 4 – 3　莫来石晶格常数及晶胞体积与氧化钇加入量关系图

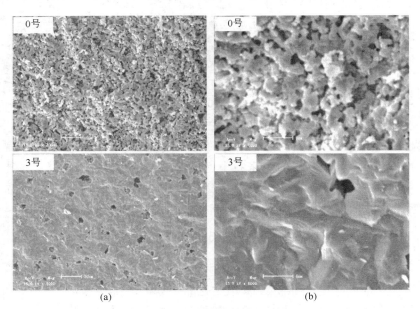

图 4 – 4　不同氧化钇加入量的莫来石试样（0 号和 3 号）SEM 图

（a）放大 500 倍；（b）放大 3000 倍

从图中试样断口微观结构可以看出，0 号试样内部形成了大量微小气孔，通过放大 3000 倍显微结构照片观察，孔径大小在微米级别。分析认为反应烧结莫来石陶瓷所采用的原料天然红柱石和活性氧化铝粒径均较小，均在微米级别，烧后试样内部容易形成微米级孔隙，结构中依稀出现莫来石典型的柱状晶相。从图中加入 6% 氧化钇的 3 号试样微观结构可以看出，与未加入氧化钇的 0 号试样相比，莫来石固溶体微观结构的致密性明显增大，微孔数量减少，微孔间距离增大，然而微孔的孔径大小出现增大趋势。从放大 3000 倍的显微结构也可以看出，莫来石固溶体微观结构致密性明显增大，结构中气孔大小约为几个微米。

图 4 – 5 所示为不同氧化钇加入量的莫来石试样相对结晶度变化趋势图。可以看出随着氧化钇加入量增大，莫来石试样的相对结晶度逐渐减小，当氧化钇加入量为 2.0% 时，即 1 号试样，相对结晶度相当于 0 号试样的 94.73%。试样相对结晶度降低说明氧化钇对于莫来石材料具有促烧结性能。当

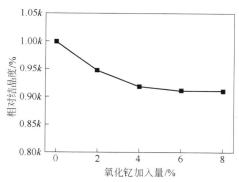

图 4 – 5 氧化钇加入量对莫来石材料相对结晶度的影响

氧化钇加入量继续增大，即 2 ~ 4 号试样，其相对结晶度变化趋势减弱，由 0.9174k% 减小到 0.9101k%。分析认为固相反应合成莫来石，加入氧化钇可以加速反应物中铝、硅离子的扩散行为，促进莫来石相生成。由于氧化钇引入所形成部分液相虽然导致试样结晶度降低，但试样微观致密度提高，气孔集中在莫来石晶界位置。随着氧化钇加入量增大，对莫来石材料促烧结作用减弱。

4.3.2 氧化锌对合成莫来石材料组成结构的影响

4.3.2.1 氧化锌对合成莫来石材料相组成的影响

图 4 – 6 所示为加入氧化锌烧后试样的 XRD 图谱。从图 4 – 6 加

入氧化锌烧后试样 XRD 图谱可以看出，各试样主要谱线强度和峰位基本一致，5～8 号试样组成中有一定量锌铝尖晶石相形成。5 号烧后试样主晶相为莫来石固溶体 $Al_{4.75}Si_{1.25}O_{9.63}$，6～8 号烧后试样主晶相则为莫来石固溶体 $Al_{4.59}Si_{1.41}O_{9.70}$。随着系统中引入氧化锌量的增大，组成中逐渐形成少量锌铝尖晶石相。分析认为 Zn^{2+} 电场强度较弱，易于与莫来石固溶体中氧化铝反应形成锌铝尖晶石相。同时 Zn^{2+} 进入莫来石晶体结构中，可以抵消在 $Al^{3+} - Si^{4+}$ 或 $Si^{4+} - Al^{3+}$ 的替代过程中产生的电荷过剩或缺失。为了进一步说明 Zn^{2+} 对莫来石陶瓷材料制备过程中对莫来石陶瓷材料组成、结构及性能的作用机理，以及添加剂离子在莫来石固溶体中的固溶作用，试验利用 X′ Pert Plus 软件对 XRD 图谱进行拟合，分析添加剂离子对主晶相莫来石固溶体晶格常数和晶胞体积的影响。

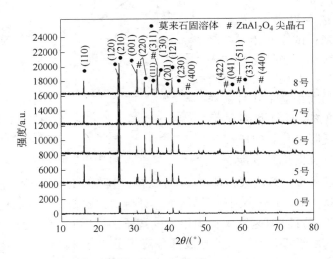

图 4 - 6   加入氧化锌烧后试样 XRD 图谱

4.3.2.2　氧化锌对莫来石晶格常数的影响

图 4 - 7 为合成莫来石试样中主晶相莫来石固溶体晶格常数及晶胞体积与氧化锌加入量关系。可以看出，加入 2% 的氧化锌，莫来石固溶体相晶格常数和晶胞体积有了较大程度的增大，晶胞体积由

0.1664nm^3 增大到 0.1681nm^3，分析认为由于氧化锌的引入，莫来石固溶体形式改变是导致晶格常数发生较大变化的主要原因。而 6 ~ 8 号试样固溶体类型始终为 Al$_{4.59}$Si$_{1.41}$O$_{9.70}$，虽然氧化锌加入量有所增加，但是莫来石固溶体晶格常数和晶胞体积变化不大，晶胞体积由 0.1682nm^3 增大到 0.1684nm^3。考虑到锌离子半径（0.074nm）大于铝和硅离子半径，引入少量氧化锌易出现莫来石晶胞体积增大现象，并导致莫来石固溶体类型发生变化。分析认为锌离子和铝离子电负性差距较大也是导致合成莫来石试样中出现锌铝尖晶石的主要原因。

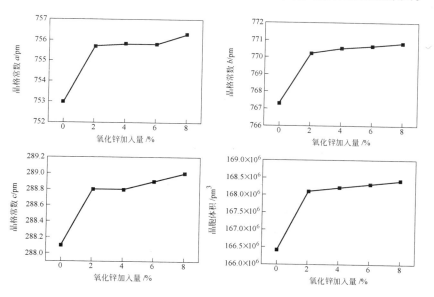

图 4 – 7　莫来石晶格常数及晶胞体积与氧化锌加入量关系图

4.3.2.3　氧化锌对合成莫来石材料微观结构的影响

图 4 – 8 所示为不同氧化锌加入量的莫来石试样断口显微结构照片。图中分别为加入 2%、6% 和 8% 氧化钇的 5 号、7 号和 8 号试样放大 500 倍和 3000 倍的 SEM 图，其中（a）图为放大 500 倍的显微结构照片，（b）图为放大 3000 倍的显微结构照片。对比上节 0 号试样显微结构，图中加入 2% 氧化锌的 5 号试样断口显微结构更为致

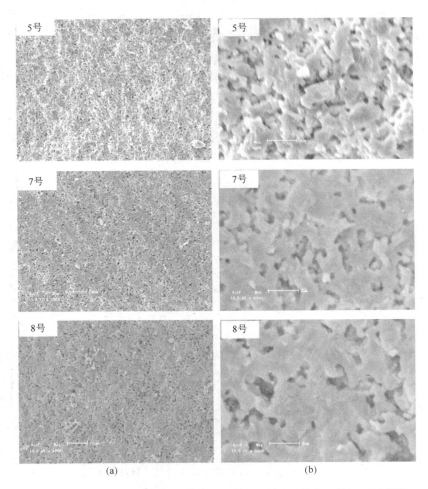

(a)   (b)

图 4 – 8   不同氧化锌加入量的莫来石试样（5 号、7 号和 8 号）SEM 照片
(a) 放大 500 倍；(b) 放大 3000 倍

密，结构中依然存在有微小孔隙，孔隙分布也较为均匀，说明加入
2% 的氧化锌可以起到促进烧结的作用，结构中结晶性结晶特征明
显，晶界清晰。观察加入 6% 氧化锌的 7 号烧后莫来石试样微观结
构，可以明显看出试样微观结构中同样出现较大程度孔隙，但孔隙
率更大，晶粒发育更为完整，晶粒有集聚发育趋势。分析认为微米

级原料反应烧结所形成的莫来石容易形成微米级气孔，原位反应莫来石形成体积膨胀也是莫来石陶瓷材料难烧结的主要特性。与 0 号试样相比，7 号试样结构中微米级气孔明显减少，且通过观察 3000 倍照片，可以看出氧化锌在一定程度上，对反应烧结莫来石陶瓷有促烧结作用。结合 XRD 分析，随着氧化锌加入量增大，烧后试样中形成锌铝尖晶石逐渐增多。从 7 号烧后试样显微结构中依稀可以看到在微孔内部有八面体形状锌铝尖晶石结构。从加入 8% 氧化锌的 8 号莫来石试样微观结构可以看出，试样微观致密较好，但明显看出有部分玻璃相出现，过量引入氧化锌可能导致了高温条件下莫来石结构中出现高温液相。

图 4-9 所示为不同氧化锌加入量的莫来石试样相对结晶度变化趋势图。结合以上莫来石试样的 SEM 图，可以看出结晶特征明显的 7 号试样（氧化锌加入量为 6%）的相对结晶较大，并且随着氧化锌加入量增大，试样的相对结晶度逐渐增大。当氧化锌加入量为 6% 时，即 7 号试样，相对结晶度相当

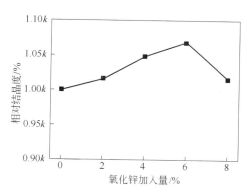

图 4-9 氧化锌加入量对莫来石材料相对结晶度的影响

于 0 号试样的 1.0692 倍。试样相对结晶度增大说明适量氧化锌可以促进莫来石结晶相的结晶行为。但是随着氧化锌加入量的继续增大，8 号试样（氧化锌加入量为 8%）的相对结晶度呈降低趋势，此结果与 SEM 分析结果相一致，分析认为合成莫来石固相反应过程中，过量氧化锌引入导致高温条件下形成大量高温液相，待试样冷却后，高温液相冷却所形成玻璃相会降低莫来石试样的相对结晶度。同时过量氧化锌的引入使结构中出现锌铝尖晶石也有可能是导致试样相对结晶度降低的一个原因。

4.3.3   氧化钛对合成莫来石材料组成结构的影响

4.3.3.1   氧化钛对合成莫来石材料相组成的影响

图 4 - 10 所示为加入氧化钛的莫来石烧后试样 XRD 图谱。从图中 XRD 图谱定性分析结果发现，加入氧化钛的 9 ~ 12 号莫来石烧后试样中主晶相均为 $Al_{4.52}Si_{1.48}O_{9.74}$ 莫来石固溶体。从图中莫来石固溶体相的特征峰强度变化趋势可以看出，9 号试样中莫来石固溶体（120）、（210）等晶面特征峰强度较 0 号试样中结晶相特征峰强度大。然而随着氧化钛加入量增大，反应烧结合成莫来石材料中莫来石固溶体特征晶面的特征峰强度变化趋势不明显。结晶相中未发现有与氧化钛相关的化合物结晶相出现，说明氧化钛与莫来石固溶体形成固溶相的可能性较大。为说明 Ti^{4+} 对反应烧结莫来石材料制备过程的作用机理，试验对制备的莫来石烧后试样的 XRD 图谱进行拟合，计算莫来石固溶体相的晶格常数和晶胞体积。

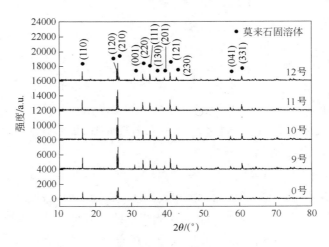

图 4 - 10   加入氧化钛烧后试样 XRD 图谱

4.3.3.2   氧化钛对莫来石晶格常数的影响

图 4 - 11 所示为固相反应烧结制备莫来石试样中主晶相莫来石

固溶体晶格常数和晶胞体积。从图中晶格常数和晶胞体积的变化趋势，可以看出，当氧化钛加入量小于 6% 时，随着氧化钛加入量增大，莫来石固溶体晶格常数和晶胞体积呈现逐渐增大趋势。当氧化钛加入量为 8% 时，莫来石固溶体相晶格常数和晶胞体积有减小趋势。文献表明，氧化钛在莫来石中固溶范围为 2% ~ 6%。由 XRD 试验结果说明氧化钛在莫来石中的固溶度应该大于 6%，甚至达到 8%。根据 Schneider 等人研究，氧化钛进入莫来石固溶体过程中，只能是 Ti^{4+} 代替 Al^{3+} 或者是 Ti^{4+} 代替 Si^{4+}，但是根据 Si^{4+}（0.026nm）、Al^{3+}（0.053nm）和 Ti^{4+}（0.061nm）的离子半径大小，发现 Ti^{4+} 更容易进入八面体间隙，引起晶格常数 b 的增大。从图 4 - 11 中晶格常数 b 的变化趋势，也可以看出晶格常数 b 变化趋势较为明显。

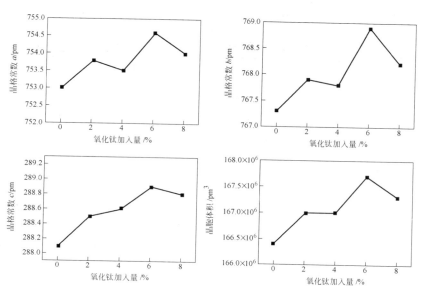

图 4 - 11 莫来石晶格常数及晶胞体积与氧化钛加入量关系图

4.3.3.3 氧化钛对合成莫来石材料微观结构的影响

图 4 - 12 为加入 2% 和 6% 氧化钛的固相反应烧结莫来石 9 号和

11 号试样放大 500 倍和 3000 倍的显微结构照片，其中（a）为放大 500 倍的微观结构照片，（b）为放大 3000 倍的微观结构照片。从图中可以看出 9 号试样断口显微结构相对均匀，气孔状态呈部分贯通形式，气孔大小为微米级。结合试样宏观观察，烧后试样没有显著体积变化，说明加入 2% 的氧化钛未对主晶相莫来石结晶状态产生很大程度影响。而从图中 11 号试样放大 500 倍的断口显微结构，可以看出莫来石陶瓷结构中微孔数量减少，微孔间距离增大，有些微孔明显为封闭气孔。从放大 3000 倍的显微结构照片可以看到，微孔结构中还有更为狭小的微孔结构，结构相对均匀，结构中依稀出现莫来石典型的柱状晶相。与 9 号试样相比，11 号试样的结构致密性更好，结构中微孔数量减少，莫来石相直接结合程度更高，气孔形式呈现近乎开气孔。结合烧后试样宏观观察，烧后试样出现较大程度体积收缩，说明高温状态下固相反应进行过程中有高温液相参与。

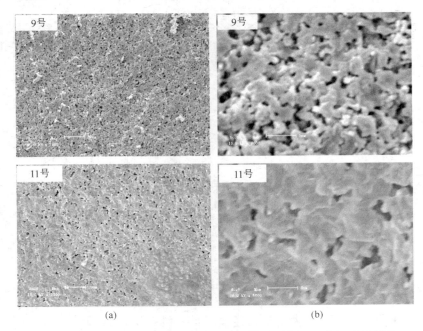

图 4 - 12　不同氧化钛加入量的莫来石试样（9 号和 11 号）SEM 照片
(a) 放大 500 倍；(b) 放大 3000 倍

图 4-13 所示为不同氧化钛加入量的莫来石试样相对结晶度变化趋势图。从图中莫来石试样相对结晶度与氧化钛加入量的关系可以看出，当氧化钛加入量为 2% 时，即 9 号试样，其相对结晶度最高，相对结晶度相当于 0 号试样的 1.0224 倍。随着氧化钛加入量增大，莫来石烧后试样的相对结晶度逐渐减小，当氧化钛加入量为 6% 时，即 11 号试样，相对结晶度相当于 0 号试样的 97.38%。试验结果说明适量氧化锌可以促进莫来石结晶相的结晶行为，但随着氧化钛加入量的继续增大（加入量大于 2%），烧后试样的相对结晶度呈降低趋势，此结果与 SEM 分析结果相一致。固相反应烧结法制备莫来石材料由于引入氧化钛，在一定程度上可以提高合成材料的致密化，但却未改变莫来石固溶体类型，此研究结果也说明氧化钛在莫来石中固溶度较高。

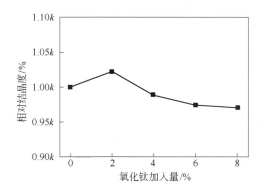

图 4-13　氧化钛加入量对莫来石材料相对结晶度的影响

4.3.4　氧化镧对合成莫来石材料组成结构的影响

4.3.4.1　氧化镧对合成莫来石材料相组成的影响

图 4-14 所示为不同氧化镧加入量的莫来石试样 XRD 图谱。从图中加入氧化镧烧后试样 XRD 图谱可以看出，各试样主要谱线强度和峰位也基本一致，0 号、13 号和 14 号试样主晶相为莫来石固溶体 $Al_{4.52}Si_{1.48}O_{9.74}$，15 号和 16 号试样主晶相分别为 $Al_{4.59}Si_{1.41}O_{9.70}$ 和

Al$_{4.64}$Si$_{1.36}$O$_{9.68}$，烧后试样中未出现其他与添加剂氧化镧相关的矿物相。分析认为 La^{3+} 已经全部固溶到莫来石固溶体中。为说明 La^{3+} 对反应烧结莫来石陶瓷制备过程的作用机理，以及添加剂离子在莫来石固溶体中的固溶作用，试验利用 X′ Pert Plus 软件对 XRD 图谱进行拟合，分析添加剂离子对主晶相莫来石固溶体晶格常数和晶胞体积的影响。

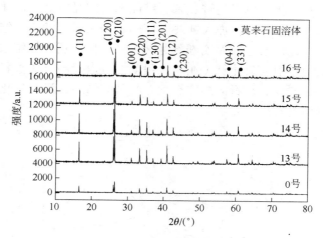

图 4 - 14　不同氧化镧加入量的莫来石试样 XRD 图谱

4.3.4.2　氧化镧对莫来石晶格常数的影响

图 4 - 15 所示为烧后莫来石材料中主晶相莫来石固溶体晶格常数和晶胞体积变化趋势图。从加入氧化镧对主晶相莫来石固溶体晶格常数的影响趋势可以看出，莫来石固溶体晶格常数和晶胞体积随着氧化镧加入量增加，呈现出先增大后减小趋势。当氧化镧加入量为4%时，莫来石晶格常数 a、b、c 及晶胞体积均为最大值。从 13 号（氧化镧加入量为2%）和 14 号（氧化镧加入量为4%）试样主晶相为莫来石固溶体 Al$_{4.52}$Si$_{1.48}$O$_{9.7}$，而 15 号试样（氧化镧加入量为6%）主晶相为莫来石固溶体 Al$_{4.59}$Si$_{1.41}$O$_{9.70}$，从它们之间的区别可以看出，莫来石固溶体类型不同将直接影响固溶体晶胞的特征参数。并且从莫来石固溶体组织结构分析，莫来石属正交晶型结构，添加

大原子半径的镧离子（离子半径为 0.103nm）进入到莫来石固溶体结构中，根据掺杂镧离子与溶剂离子半径大小关系，镧离子进入莫来石晶体结构中的八面体间隙可能性较大，并容易导致莫来石固溶体晶格常数和晶胞体积的增大。随着氧化镧加入量的增大，莫来石固溶体类型发生了变化，因此出现莫来石固溶体晶格常数和晶胞体积的变化。

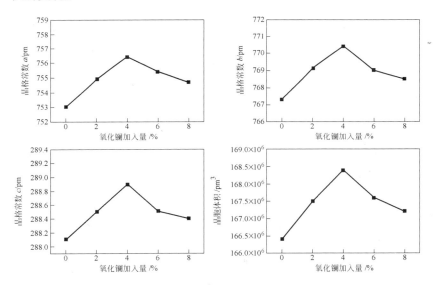

图 4 – 15 莫来石晶格常数及晶胞体积与氧化镧加入量关系图

4.3.4.3 氧化镧对合成莫来石材料微观结构的影响

图 4 – 16 所示为不同氧化镧加入量的莫来石试样 SEM 照片，（a）和（b）分别为放大 500 倍和 3000 倍的微观结构照片。从图中 13 ~ 16 号试样微观结构变化趋势可以看出，少量氧化镧明显可以起到细化晶粒的作用，与 0 号试样相比，加入 2%（13 号）氧化镧的莫来石烧后试样断口结构中气孔更加细小，气孔之间距离更小，具有更为均匀的显微结构，即使从放大 3000 倍的显微结构也可以看出如此细化的晶体结构特征。随着氧化镧加入量的继续增大，试样致密度明显增大，结构中气孔类型逐渐由贯穿气孔演变成半开气孔，

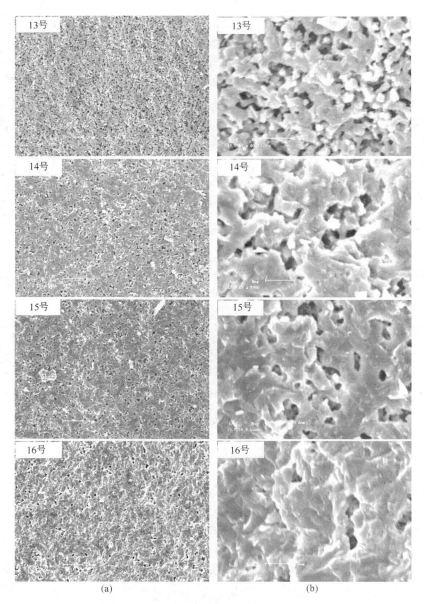

(a)   (b)

图 4 - 16   不同氧化镧加入量的莫来石试样（13 ~ 16 号）SEM 照片

（a）放大 500 倍；（b）放大 3000 倍

直至成为闭气孔。从图中放大 3000 倍显微结构照片可以看出，随着氧化镧加入量逐渐增大，试样断口孔隙大小同样逐渐变大，当氧化镧加入量为 8%（16 号）时，试样断口近乎致密。

图 4 - 17 为不同氧化镧加入量的莫来石试样相对结晶度变化趋势图。可以看出随着氧化镧加入量增大，莫来石试样的相对结晶度逐渐减小，当氧化镧加入量为 2.0% 时，即 13 号试样，相对结晶度相当于 0 号试样的 94.26%。试样相对结晶度降低说明氧化镧对于莫来石材料具有较强的促烧结作用。随着氧化镧加入量继续增大，对应 14 ~ 16 号试样，其相对结晶度逐渐减小，相对结晶度由 0.9076k% 减小到 0.8550k%。与系统中加入氧化钇的研究结果有相似之处，三价稀土金属氧化物对莫来石材料均具有较强的促烧结性。分析认为氧化镧可以加快铝、硅离子的扩散速度，促进莫来石的原位反应。系统中引入氧化镧，莫来石固溶体结构类型的多次转变说明氧化镧对莫来石结构的重要影响。

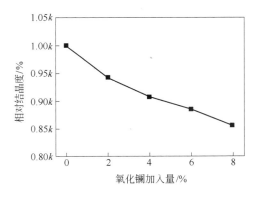

图 4 - 17　氧化镧加入量对莫来石材料相对结晶度的影响

4.3.5　氧化铈对合成莫来石材料组成结构的影响

4.3.5.1　氧化铈对合成莫来石材料相组成的影响

图 4 - 18 所示为不同氧化铈加入量的莫来石烧后试样 XRD 图谱。从图中莫来石固溶体衍射峰位置及衍射峰强度的变化趋势可以

看出，加入 2% 和 4% 氧化铈的莫来石烧后试样，即 17 号和 18 号，其主晶相为莫来石固溶体 Al$_{4.52}$Si$_{1.48}$O$_{9.74}$，加入 6% 和 8% 氧化铈的莫来石烧后试样，即 19 号和 20 号，其主晶相为 Al$_{4.56}$Si$_{1.44}$O$_{9.72}$ 和 Al$_{4.59}$Si$_{1.41}$O$_{9.70}$。与上节系统中引入氧化镧相似，少量引入氧化铈，莫来石固溶体类型未发生变化，当添加剂加入量逐渐增大时，莫来石固溶体 Al$_{4+2x}$Si$_{2-2x}$O$_{10-x}$ 中 x 值（x 值代表 Si^{4+} 被 Al^{3+} 取代的个数）逐渐增大，莫来石固溶体固溶特征值由 19 号试样中 $x = 0.28$ 增大到 20 号试样中 $x = 0.295$。图中同样可以看出，17 ~ 20 号试样组成中除了主晶相莫来石固溶体外，随着氧化铈加入量增大，XRD 图谱中氧化铈衍射峰逐渐增强。分析认为氧化铈未完全固溶到莫来石固溶体中，一部分氧化铈在莫来石材料基体中存在。为进一步说明铈离子对固相反应烧结莫来石材料制备过程的作用机理，试验对反应合成莫来石材料主晶相莫来石固溶体的晶格常数和晶胞体积进行了计算和分析。

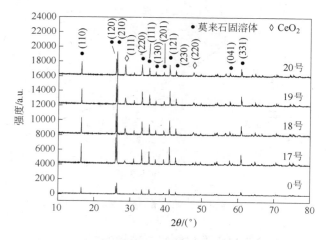

图 4 - 18 不同氧化铈加入量的莫来石试样 XRD 图谱

4.3.5.2 氧化铈对莫来石晶格常数的影响

图 4 - 19 所示为反应烧结莫来石试样中主晶相莫来石固溶体晶格常数和晶胞体积与氧化铈加入量之间关系图。可以看出随着氧化

铈加入量增大，莫来石固溶体晶格常数和晶胞体积呈现逐渐增加趋势。较大离子半径的铈离子（离子半径为 0.087nm）进入到莫来石固溶体结构中，相对于镧离子（离子半径为 0.103nm），铈离子更容易稳定存在于莫来石固溶体的八面体间隙中，因此随着氧化铈加入量增大，主晶相莫来石固溶体晶格常数和晶胞体积随着掺杂离子加入量增多而逐渐增大，掺杂 8% 氧化铈的 20 号配方烧后试样主晶相莫来石晶格常数 a、b、c 和晶胞体积 v 增大为 0.7557nm、0.7693nm、0.2886nm 和 0.1678nm^3。考虑到铈离子掺杂在莫来石晶体结构中数量增大，莫来石固溶体类型发生了较大程度变化。然而铈离子掺杂在莫来石固溶体中固溶度相对较小，因此过量氧化铈会导致固相反应合成莫来石材料中出现氧化铈相。

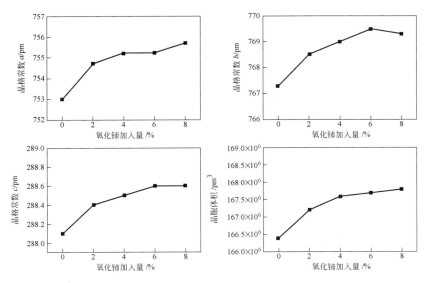

图 4 – 19　莫来石晶格常数及晶胞体积与氧化铈加入量关系图

4.3.5.3　氧化铈对合成莫来石材料微观结构的影响

图 4 – 20 所示为不同氧化铈加入量的莫来石烧后试样 SEM 照片，（a）和（b）分别为放大 500 倍和 3000 倍的微观结构照片。从图中 17 ~ 20 号（对应氧化铈加入量为 2% ~ 8%）试样放大 500 倍的显

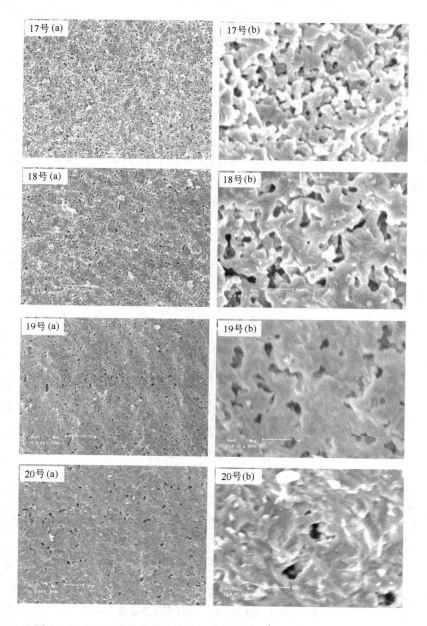

图 4 – 20 不同氧化铈加入量的莫来石试样（17~20 号）SEM 照片

微结构照片可以看出，氧化铈对固相反应烧结制备莫来石材料具有较强的促烧结性，随氧化铈加入量增大，结构中孔隙数量逐渐减少，孔隙间距逐渐被拉大。从放大 3000 倍的显微结构变化趋势说明孔隙类型逐渐从贯穿气孔演变成开气孔、半开气孔和封闭气孔。结合上节 XRD 分析，微观结构中结晶相主要以莫来石固溶体为主，随着氧化铈加入量增大，虽然主晶相莫来石固溶体类型发生较大程度变化，但始终保持正交晶型的莫来石结构特征。从 17 ~ 20 号试样微观结构中结晶相的形貌变化趋势可以看出，17 号试样中结晶相特征较为明显，出现了部分长柱状莫来石特征晶体。然而随着氧化铈加入量的逐渐增大，18 ~ 20 号试样微观结构中玻璃相增多，致使结晶相莫来石的晶体特征变得较为模糊。分析认为合成莫来石固相反应烧结过程中，高温液相的存在可以加速固相反应，然而原位形成的莫来石在高温液相存在的条件，晶体生长趋向于不规则，导致微观结构中结晶相莫来石结晶特征不明显。为证明以上分析，试验对加入不同数量氧化铈的莫来石试样相对结晶度进行计算，计算结果如图 4 - 21 所示。

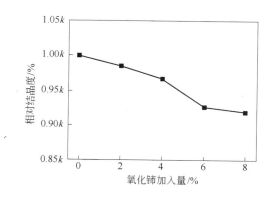

图 4 - 21　氧化铈加入量对莫来石材料相对结晶度的影响

图 4 - 21 为不同氧化铈加入量的莫来石试样相对结晶度变化趋势图。经计算，17 ~ 20 号（氧化铈添加量为 2% ~ 8%）烧后莫来石试样相对结晶度分别为 0 号试样的 98.49%、96.64%、92.64% 和 91.83%。随氧化铈加入量逐渐增大，各试样相对结晶度降低，说明

氧化铈易于在固相反应烧结制备的莫来石材料中形成液相，从而促进固相反应进行。

与以上分析结果相类似，系统中加入如氧化钇、氧化镧等稀土金属氧化物，烧后莫来石试样的相对结晶均呈现减小趋势。分析认为稀土金属氧化物普遍存在的高电价、低场强特征可能是导致此类相似结果的主要原因。

5 MgO – Al₂O₃ – SiO₂ 系合成材料的组成、结构及性质

5.1 MgO – Al₂O₃ – SiO₂ 系三元系统相图

　　氧化镁 – 氧化铝 – 二氧化硅三元系统相图是研究氧化镁 – 氧化铝二元系统、氧化镁 – 二氧化硅二元系统和氧化铝 – 二氧化硅二元系统耐火材料的基础相图。图 5 – 1 所示为氧化镁 – 氧化铝 – 二氧化硅三元系统相图。该系统内有四个二元化合物（镁铝尖晶石、镁橄榄石、斜顽辉石和莫来石）和两个三元化合物（董青石和假蓝宝

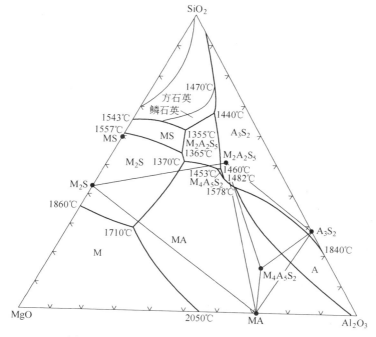

图 5 – 1　氧化镁 – 氧化铝 – 二氧化硅三元系统

石）。其中镁铝尖晶石（熔点 2135℃）、镁橄榄石（熔点 1890℃）和莫来石（熔点 1850℃）是一致熔融二元化合物，斜顽辉石（1557℃分解）是不一致熔融二元化合物，董青石（1540℃分解）和假蓝宝石（1475℃分解）是不一致熔融三元化合物，假蓝宝石由于结晶区域窄小以及分解温度较低，因此一般不作为耐火材料。图中所示 1370℃对应无变量点为镁铝尖晶石、橄榄石及董青石相的初晶区交点，无变量点性质为双升点，发生单转溶反应，即 $L + MA \rightleftharpoons M_2A_2S_5 + M_2S$[62]。传统耐火材料研究往往集中在方镁石 - 镁铝尖晶石 - 镁橄榄石分系统，可以看出三者最低共熔点为 1710℃，具有良好的耐高温特征。

5.2 固相反应合成 $MgO - Al_2O_3 - SiO_2$ 系材料的基础研究

从三元系统相图可知，固相反应合成 $MgO - Al_2O_3 - SiO_2$ 系统中最有价值的化合物即为董青石。董青石具有良好的抗热震稳定性、介电性能、耐火性能和力学性能，被广泛用作优质耐火材料、集成电路板、催化剂载体、泡沫陶瓷及航空材料等领域[91~96]。目前普遍采用的董青石合成方法为固相反应法。以天然矿物如高岭石、滑石、硅石、硅藻土、红柱石等为原料，以氧化钛、氧化铁、锂辉石等为助烧剂生产董青石材料[97~101]。为进一步减低成本，可采用工农业废弃物，如铝型材厂污泥、硅灰、稻壳等为原料制备董青石及其复相材料[102~105]。

5.2.1 合成 $MgO - Al_2O_3 - SiO_2$ 系材料固相反应

董青石化学式为 $2MgO \cdot 2Al_2O_3 \cdot 5SiO_2$，普遍认为董青石的晶格结构有三种类型：α 型，即高温型董青石，六方晶系，$P6/mcc$ 空间群，晶格常数 $a = 0.980$nm，$c = 0.9345$nm；β 型，即低温型董青石，斜方晶系，$Cccm$ 空间群，晶格常数 $a = 1.7083$nm，$b = 0.9738$nm，$c = 0.9335$nm；第三种为过渡型，目前相关研究较少。α 型董青石的晶体结构与绿柱石相似如图 5 - 2 所示，在绿柱石阴离子 $[Si_6O_{18}]^{12-}$ 的六个硅原子中有一个被铝原子代替，形成董青石阴离子 $(Si_5Al)O_{18}^{13-}$。为保持化合物电价平衡，绿柱石中的阳离子

（3Be^{3+} + 2Mg^{2+}）被董青石中的（3Al^{3+} + 2Mg^{2+}）代替，铝氧形成
［AlO$_4$］四面体。

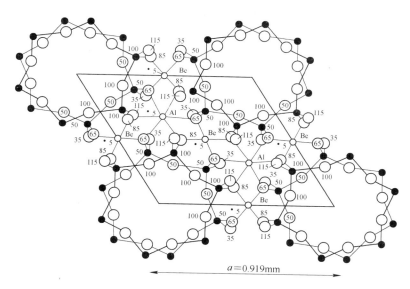

图 5 - 2 绿柱石晶体结构

5.2.2 MgO - Al$_2$O$_3$ - SiO$_2$ 系合成材料固相反应传质

自然界至今没有找到具有开采价值的董青石大矿床，因此工业
上所使用的董青石大多为人工合成。近年来国内外关于董青石合成
的报道相对较多。如徐晓虹等的研究中利用累托石、滑石及工业
Al$_2$O$_3$ 合成董青石，其合成温度低，合成温度范围较宽，为 1200 ~
1320℃[106]。曾令可等以片状结构的高岭石、苏州土、滑石和工业氧
化铝为原料合成董青石粉体发现，杂质较低的高岭石比杂质含量高
的苏州土合成的董青石粉体纯度要高，加入一定量的董青石熟料作
为形核剂可以促进董青石的生成，降低董青石制品的线膨胀系
数[107]。何英等以硅酸、硝酸铝和硝酸镁为原料，尿素为燃料，低温
燃烧法制备董青石的研究表明，添加氧化铋能明显促进 μ - 董青石
向 α - 董青石的相转变，降低 α - 董青石的析出温度，有效促进董青

石的烧结致密化[108]。Goren 等研究利用滑石、飞灰等为原料经
1350℃保温 3h 合成制备纯度较高的堇青石材料[109]。Naskar 等研究
利用稻壳灰为硅源制备堇青石，稻壳灰中的二氧化硅形成中间相方
石英与镁铝尖晶石反应形成堇青石[101]。Bejjaoui 等研究利用摩洛哥
的硅镁石和红柱石经过 1300℃煅烧制备孔径为 10 ~ 120μm 的多孔结
构堇青石[97]。

5.2.3　MgO – Al₂O₃ – SiO₂ 系合成材料固相反应影响因素

　　堇青石原料及添加剂选择和用量是影响堇青石组成、结构及性
能的主要因素。但堇青石材料由于其晶体结构的特殊性和热膨胀系
数的各向异性，不一致熔融及比较窄的烧成范围等因素，导致晶粒
的排列，杂质离子的填充，烧成工艺等都对堇青石的性能产生很大
的影响。李萍等研究了锂辉石与氧化锆对合成堇青石陶瓷热膨胀率
的影响，发现锂辉石与氧化锆均能降低堇青石的热膨胀率，堇青石
结构中出现了莫来石相和锆英石晶体[110]。曾国辉等研究利用苏州
土、矾土和滑石为原料，锆英石、碳酸钡、硅线石和氟化钙为添加
剂对合成堇青石组成的影响，发现四种添加剂的加入均提高了堇青
石的含量，且加入量都有一个最佳值，分别为锆英砂 2%、钛酸钡
3%、硅线石 2%、氟化钙 2%[111,112]。薛群虎等研究以煤系高岭土、
滑石和镁砂为原料合成制备堇青石材料，其致密度和强度随着碳酸
锂的增加而增大，而碳酸钡的引入对堇青石合成的烧结性能影响不
大，碳酸锂和碳酸钡均能降低合成堇青石的热膨胀系数[113]。田雨霖
在研究低温合成堇青石时，也认为 CaO、Na₂O、K₂O、Fe₂O₃ 等均能
不同程度地参与堇青石晶体结构的形成，CaO、Fe₂O₃ 可取代 Mg²⁺
位置形成置换型固溶体[114]。于岩等讨论了氧化钾对以铝型材厂污泥
为主要原料制备制备的堇青石的影响，氧化钾的引入对堇青石的晶
胞结构影响不大，当氧化钾引入量为 1.1% 时，堇青石含量最
高[115]。郭伟等以稻壳中的硅质组分和碳质组分分别作为多孔堇青石
合成所需的硅源和成孔剂，发现氧化镧能够促进堇青石的形成，使
堇青石的开始形成温度降低至 1100℃，并能在不降低堇青石孔隙率

的情况下，大幅度提高其抗弯强度，在烧结过程中产生的液相起"电焊"的作用。而加入3%氧化钕的堇青石材料与未掺入氧化钕的堇青石材料相比，材料的气孔率无明显变化，但抗弯强度增加了约4倍，且堇青石的形成温度显著降低[116~118]。

由于堇青石的热稳定性和低膨胀性，制备的堇青石质匣钵由于具有使用周期长的特点被用于高温隧道窑的支架材料。堇青石－莫来石、堇青石－硅线石、堇青石－尖晶石等堇青石复合材料由于具有质量轻、导热系数低、使用温度相对较高而被直接用在隧道窑的火焰面上，节能效果良好[105]。作为催化剂载体的堇青石主要应用于汽车尾气净化方面，主要是利用堇青石结构吸附性强且热膨胀系数小的特点[94]。堇青石泡沫陶瓷还可以用在精密铸造行业，如铝制品的精密制造，用于过滤铝液中的杂质，并使铝铸件内部结构均匀，不含杂质[95]。由于堇青石晶体结构中存在平行于 c 轴方向六方环所围成的孔隙，其大小足以容纳水分子，因此，其结构不紧密，过渡元素的氧化物可固溶在其中并引起晶格畸变从而更降低了晶格振动的对称性。这个结构特点决定了堇青石具有较高的红外辐射率，同时合成温度的提高有利于堇青石固溶体的充分形成和红外辐射性能的改善[96]。

5.3 添加剂对合成 $MgO-Al_2O_3-SiO_2$ 系材料的影响

本章以菱镁矿风化石制备的活性轻烧氧化镁、工业氧化铝和二氧化硅微粉为基础原料，加入不同数量的氧化铬、氧化镧、氧化铈、氧化铕、氧化镝、氧化铒和氧化锆添加剂，采用固相反应法合成堇青石材料，分析不同种类和数量的添加剂离子对合成堇青石的作用机理。通过计算合成堇青石相晶格常数和晶胞体积，分析添加剂离子对固相反应合成堇青石材料结构缺陷的影响。利用对不同添加剂离子场强的计算，分析场强与合成堇青石材料中物相转变的关系，讨论高温条件下添加剂离子对堇青石材料中结晶相数量和性质的影响。加入添加剂可改善由于低品位矿中杂质引入所形成的液相性质，并对合成产物中杂质起到一定的屏蔽作用。

　　试验原料包括菱镁矿风化石制备的活性轻烧氧化镁、工业氧化铝和二氧化硅微粉，原料化学组成如表 5 - 1 所示。添加剂为分析纯。

表 5 - 1　试验原料化学成分质量分数　　　　（%）

成　　分	SiO_2	Al_2O_3	MgO	CaO	Fe_2O_3	灼减
轻烧氧化镁	5.65	1.23	84.64	4.25	1.30	2.42
工业氧化铝	0.15	99.1	—	—	—	—
二氧化硅微粉	92.73	0.33	—	—	0.37	5.23

　　合成堇青石基础配方为活性轻烧氧化镁 15.0%、工业氧化铝 35.0% 和二氧化硅微粉 50.0%，分别加入不同含量的氧化铬、氧化镧、氧化铈、氧化铕、氧化镝、氧化铒和氧化锆添加剂。具体试验配方如表 5 - 2 所示。

表 5 - 2　不同试验配方中各成分质量分数　　　　（%）

原料	轻烧氧化镁	工业氧化铝	二氧化硅微粉	氧化铬	氧化镧	氧化铈	氧化铕	氧化镝	氧化铒	氧化锆
0 号	15.0	35.0	50.0	—	—	—	—	—	—	—
1 号	15.0	35.0	50.0	0.4	—	—	—	—	—	—
2 号	15.0	35.0	50.0	0.8	—	—	—	—	—	—
3 号	15.0	35.0	50.0	1.2	—	—	—	—	—	—
4 号	15.0	35.0	50.0	1.6	—	—	—	—	—	—
5 号	15.0	35.0	50.0	2.0	—	—	—	—	—	—
6 号	15.0	35.0	50.0	—	0.2	—	—	—	—	—
7 号	15.0	35.0	50.0	—	0.4	—	—	—	—	—
8 号	15.0	35.0	50.0	—	0.6	—	—	—	—	—
9 号	15.0	35.0	50.0	—	0.8	—	—	—	—	—
10 号	15.0	35.0	50.0	—	1.0	—	—	—	—	—
11 号	15.0	35.0	50.0	—	—	0.2	—	—	—	—
12 号	15.0	35.0	50.0	—	—	0.4	—	—	—	—
13 号	15.0	35.0	50.0	—	—	0.6	—	—	—	—
14 号	15.0	35.0	50.0	—	—	0.8	—	—	—	—

原料	轻烧氧化镁	工业氧化铝	二氧化硅微粉	氧化铬	氧化镧	氧化铈	氧化镨	氧化镝	氧化铒	氧化锆
15 号	15.0	35.0	50.0	—	—	1.0	—	—	—	—
16 号	15.0	35.0	50.0	—	—	—	0.2	—	—	—
17 号	15.0	35.0	50.0	—	—	—	0.4	—	—	—
18 号	15.0	35.0	50.0	—	—	—	0.6	—	—	—
19 号	15.0	35.0	50.0	—	—	—	0.8	—	—	—
20 号	15.0	35.0	50.0	—	—	—	1.0	—	—	—
21 号	15.0	35.0	50.0	—	—	—	—	0.2	—	—
22 号	15.0	35.0	50.0	—	—	—	—	0.4	—	—
23 号	15.0	35.0	50.0	—	—	—	—	0.6	—	—
24 号	15.0	35.0	50.0	—	—	—	—	0.8	—	—
25 号	15.0	35.0	50.0	—	—	—	—	1.0	—	—
26 号	15.0	35.0	50.0	—	—	—	—	—	0.2	—
27 号	15.0	35.0	50.0	—	—	—	—	—	0.4	—
28 号	15.0	35.0	50.0	—	—	—	—	—	0.6	—
29 号	15.0	35.0	50.0	—	—	—	—	—	0.8	—
30 号	15.0	35.0	50.0	—	—	—	—	—	1.0	—
31 号	15.0	35.0	50.0	—	—	—	—	—	—	0.4
32 号	15.0	35.0	50.0	—	—	—	—	—	—	0.8
33 号	15.0	35.0	50.0	—	—	—	—	—	—	1.2
34 号	15.0	35.0	50.0	—	—	—	—	—	—	1.6
35 号	15.0	35.0	50.0	—	—	—	—	—	—	2.0

如上节试验配方所示，将各配方物料置于振动研磨机中，经 3min 强力振动后，使物料混练均匀，且粒度小于 0.074mm。用 5% 的聚乙烯醇溶液（质量分数为 5%）作为结合剂，半干法成型，成型压力 100MPa。110℃ 保温 6h 干燥后，试样于 1350℃ 保温 3h 进行烧成。烧后试样随炉冷却至室温。

表征分别采用日本理学 D/max – RB 12kW 型 X 射线粉末衍射（X – ray diffraction，RXD）仪（Cu 靶 K_{a1} 辐射，电压为 40kV，电流为 100mA，扫描速度为 4°/min）对烧后试样矿物相进行分析，采用

X′ Pert Plus 软件对 X 射线衍射图进行拟合，分析堇青石的晶格常数和晶胞体积的变化。并利用该软件标定 1350℃ 烧后的 0 号配方堇青石试样中结晶相的结晶度为 $k\%$，计算不同种类和数量添加剂的烧后试样（1~35 号）中结晶相的相对结晶度。用日本电子 JSM6480LV 型 SEM 扫描电镜分析试样断口微观结构及组织形貌。

5.3.1　氧化铬对合成堇青石材料组成结构的影响

5.3.1.1　氧化铬对菱镁矿风化石制备堇青石材料相组成的影响

图 5 – 3 为不同氧化铬加入量的堇青石试样 XRD 图谱。通过图中矿物相衍射峰定性分析可以看出，试样物相组成包括主晶相堇青石和次晶相镁橄榄石。从图中堇青石相和镁橄榄石相的特征峰强度分析，氧化铬的加入对菱镁矿风化石制备的堇青石材料的试样各矿相衍射峰强度影响不大。仅在氧化铬加入量为 0.4% 时的 1 号的试样中发现莫来石相衍射峰强度略有增加，随在氧化铬加入量增加，2 ~ 5 号试样中莫来石相衍射峰强度变化不大。图中次晶相镁橄榄石相衍射峰强度变化不大，考虑到氧化铬加入量相对较少，且所有试样中未出现与铬元素相关矿物，说明氧化铬对堇青石材料的矿相组成及

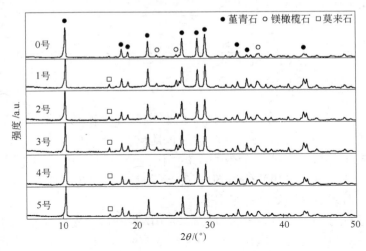

图 5 – 3　不同氧化铬加入量堇青石材料 XRD 图谱

数量影响较小。利用 XRD 图谱提供的不同晶面对应晶面间距 d 的数值，对试样中主晶相董青石相的晶格常数进行对比分析。

5.3.1.2 氧化铬对董青石相晶格常数的影响

董青石具有组群状结构，属于六方晶系。晶面间距 d、晶面指数（h、k、l）与晶格常数存在如式（5 – 1）所示关系。

$$\frac{4}{3}\frac{(h^2 + hk + k^2)}{a^2} + \left(\frac{l}{c}\right)^2 = \frac{1}{d_{hkl}^2} \qquad (5 - 1)$$

董青石晶格常数的具体计算过程，首先通过 XRD 图谱中矿相的定性分析，得到不同 2θ 位置的特征峰的晶面指数。然后利用 X′ Pert Plus 软件对 XRD 图谱中不同 2θ 位置的特征峰进行拟合，求出特征峰对应的晶面间距 d 值。最后将晶面指数及拟合得到的数据代入到上式中，计算董青石晶胞对应的晶格常数 a 和 c 值。

图 5 – 4 为不同氧化铬加入量的董青石晶格常数和晶胞体积变化趋势图。图中可以看出，董青石晶格常数 a 和 c 值随着氧化铬加入量增加，整体上呈现先增大后减小趋势。氧化铬加入量为 0.8% 的 2 号试样中董青石晶格常数 a 和 c 值及晶胞体积都最大，主晶相董青石的晶体类型始终保持着六方晶系特征。

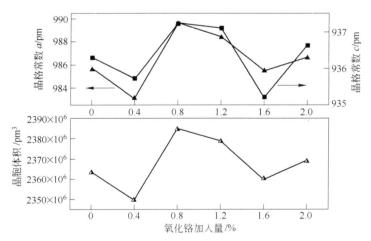

图 5 – 4   董青石晶格常数及晶胞体积与氧化铬加入量关系图

分析认为氧化铬中三价铬离子半径为 0.062nm，铝离子半径为 0.054nm。如果铬离子占据铝离子位置，缺陷反应方程式如式（5 - 2）所示。

$$Cr_2O_3 \xrightarrow{2MgO \cdot 2Al_2O_3 \cdot 5SiO_2} 2Cr_{Al} + 3O_O \tag{5-2}$$

溶质离子铬离子半径大于溶剂离子铝离子半径，因此堇青石相晶格常数 a、c 及晶胞体积有所增加。考虑铬离子与堇青石中镁离子的半径大小关系，$\Delta r = \dfrac{r_{Cr^{3+}} - r_{Mg^{2+}}}{r_{Mg^{2+}}} \times 100\% = 14.6\%$，$\Delta r$ 接近 15%，当氧化铬加入量增加时，Cr^{3+} 置换 Mg^{2+} 进入堇青石晶格，堇青石中氧化铬引入所造成的结构缺陷反应方程式如式（5 - 3）和式（5 - 4）所示。

$$Cr_2O_3 \xrightarrow{2MgO \cdot 2Al_2O_3 \cdot 5SiO_2} 2Cr^{\cdot}_{Mg} + V''_{Mg} + 3O_O \tag{5-3}$$

$$Cr_2O_3 \xrightarrow{2MgO \cdot 2Al_2O_3 \cdot 5SiO_2} 2Cr^{\cdot}_{Mg} + O''_i + 2O_O \tag{5-4}$$

结构中形成带负电的 V''_{Mg} 和 O''_i 缺陷。堇青石中点缺陷 V''_{Mg} 和 O''_i 的形成会对堇青石晶格常数和晶胞体积带来不同的影响。分析认为少量的氧化铬加入不会造成堇青石中 O''_i 的出现，而添加氧化铬的过程中堇青石结构形成 V''_{Mg} 会导致堇青石晶格常数和晶胞体积的减小[119]。

5.3.1.3 氧化铬对菱镁矿风化石制备堇青石材料微观结构的影响

图 5 - 5 为不同氧化铬加入量的堇青石试样的 SEM 图。图中分别为氧化铬加入量为 0、0.8% 和 1.2% 的 0 号、2 号和 3 号试样的 500 倍（a）和 5000 倍（b）显微结构图。图中可以看出，随着氧化铬加入量增加，试样的微观结构中出现不同程度的玻璃相，玻璃相的形成反映了高温状态下液相的存在。通过 3 号（a）试样显微结构可以看出高温状态下形成液相数量最大。图 5 - 6 为不同氧化铬加入量的堇青石试样相对结晶度变化趋势图。图中堇青石试样的相对结晶度变化趋势可以看出，氧化铬加入量为 1.2% 的 3 号试样的相对结晶度最低。试样相对结晶度降低反映了试样中高温液相的增多，结晶相的减少。在一定程度上分析，加入氧化铬小于 1.2% 不利于改善堇青

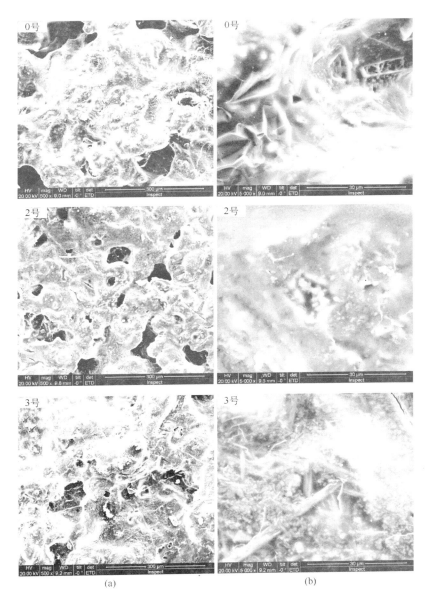

图 5 − 5 不同氧化铬含量的堇青石试样（0 号、2 号和 3 号）SEM 图

（a）放大 500 倍；（b）放大 5000 倍

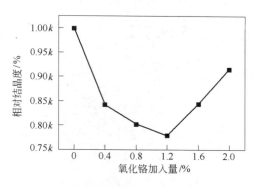

图 5 – 6 氧化铬加入量对堇青石材料相对结晶度的影响

石材料液相性质。当氧化铬加入量大于 1.2% 时，随着氧化铬加入量增加，堇青石材料相对结晶度的增大反映了液相性质得到了一定程度的改善。从图 5 – 5 中氧化铬加入量为 0.8% 的 2 号（a）试样微观照片看到结构中玻璃相较多，结构中孔隙浑圆。与 0 号（a）微观结构相比，结构更为致密，从图中 2 号（b）容易发现局部区域几乎不存在气孔。从 3 号（a）可以看出随着氧化铬加入量增加，堇青石结构更为致密。3 号（b）结构中依稀可以看到中的条状体结构，说明氧化铬加入到试样中活化了晶格，促进了系统中正负离子的扩散，堇青石材料结构致密性增大恰恰说明了这一点。

5.3.2 氧化镧对合成堇青石材料组成结构的影响

5.3.2.1 氧化镧对菱镁矿风化石制备堇青石材料相组成的影响

图 5 – 7 为不同氧化镧加入量的堇青石试样 XRD 图谱。图中衍射峰性质可以看出，以菱镁矿风化石为原料经过 1350℃ 烧成可以制备出以堇青石为主晶相的堇青石材料。试样矿相组成包括堇青石、镁橄榄石和莫来石。图中堇青石衍射峰强度显著，可以判断堇青石相生成量最大。从图中堇青石、镁橄榄石和莫来石的特征峰强度来看，引入氧化镧对菱镁矿风化石制备的堇青石材料中各矿相衍射峰强度影响不大。从 0 号和 6 号的衍射峰对比可以明显看出：氧化镧的引入使材料中莫来石相增加明显。从 6 ~ 10 号试样中莫来石衍射峰上看，随着氧化镧加入量增加，莫来石的衍射峰强度变化不大。

从图 5 – 7 中衍射峰性质看，氧化镧引入量小于 1.0% （6 ~ 9 号）时，试样中没有发现与镧元素相关的矿物相出现，说明镧离子参与了堇青石材料的固相反应。因此利用 XRD 图谱提供的不同晶面的晶面指数及晶面间距 d 的数值，对各试样中主晶相堇青石相的晶格常数及晶胞体积进行对比分析。

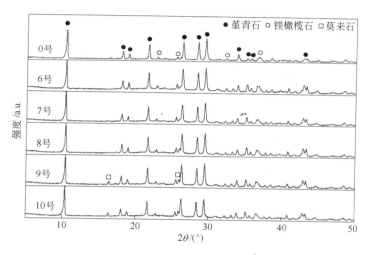

图 5 – 7 不同氧化镧加入量堇青石材料 XRD 图谱

5.3.2.2 氧化镧对堇青石相晶格常数的影响

图 5 – 8 为不同氧化镧加入量的堇青石相的晶格常数和晶胞体积变化趋势图。图中变化趋势可以看出，当氧化镧加入量小于 0.4% 时，堇青石晶格常数和晶胞体积均随着氧化镧加入量增加，呈现增大趋势，当氧化镧加入量为 0.4% 时，即 7 号试样，堇青石晶格常数及晶胞体积都最大。当氧化镧加入量从 0.4% 增加到 0.6% 时，堇青石晶格常数及晶胞体积变化不大。当氧化镧加入量继续增加时，堇青石相的晶格常数及晶胞体积呈现下降趋势。从堇青石晶格常数 a 和 c 的变化趋势上看，晶格常数 a 的变化趋势大于 c 的变化趋势。

分析认为氧化镧中镧离子为三价阳离子，离子半径远大于堇青石中其他阳离子半径，镧离子与氧离子的半径比为 0.7579，镧离子

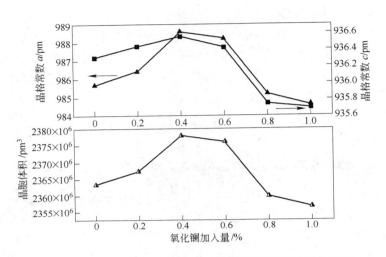

图 5 - 8　董青石晶格常数及晶胞体积与氧化镧加入量关系图

与氧离子理论上形成〔LaO$_8$〕立方体或在一定程度上形成〔LaO$_6$〕八面体，董青石结构中，铝离子与氧离子形成〔AlO$_4$〕四面体，硅离子与氧离子形成〔SiO$_4$〕四面体，结构中仅镁离子与氧离子形成〔MgO$_6$〕八面体。如镧离子置换镁离子，其缺陷反应方程式如式（5 - 5）和式（5 - 6）所示。

$$La_2O_3 \xrightarrow{2MgO \cdot 2Al_2O_3 \cdot 2SiO_2} 2La_{Mg}^{\cdot} + V_{Mg}'' + 3O_O \qquad (5 - 5)$$

$$La_2O_3 \xrightarrow{2MgO \cdot 2Al_2O_3 \cdot 2SiO_2} 2La_{Mg}^{\cdot} + O_i'' + 2O_O \qquad (5 - 6)$$

高价镧离子置换低价镁离子时，结构中会出现镁离子空位或间隙氧离子。如出现以上置换反应，离子半径较大的镧离子置换离子半径较小镁离子时，董青石晶格常数有变大趋势，同时如出现间隙氧离子，也必将提高董青石的晶格常数和晶胞体积。从离子半径大小的关系及试验结果上分析，形成这种缺陷的可能性较大。但如果考虑到镧离子置换铝离子，其缺陷反应方程式如式（5 - 7）所示。

$$La_2O_3 \xrightarrow{2MgO \cdot 2Al_2O_3 \cdot 5SiO_2} 2La_{Al} + 3O_O \qquad (5 - 7)$$

镧离子占据铝离子的位置，溶质离子镧离子半径大于溶剂离子铝离子半径，因此董青石相晶格常数及晶胞体积也将有所增加。

5.3.2.3 氧化镧对菱镁矿风化石制备堇青石材料微观结构的影响

图 5 – 9 为氧化镧加入量为 0.8% 的 9 号堇青石试样的 SEM 微观结构图，（a）和（b）分别为放大 500 倍和放大 5000 倍的微观结构图。从氧化镧加入量为 0.8% 的 9 号（b）堇青石试样结构中可以看到莫来石的针柱状结构，莫来石相被液相紧紧包围，在高温液相中形成的莫来石彼此交叉。从图 9 号（a）可以看出试样致密度比图 5 – 5 的 0 号试样要高。

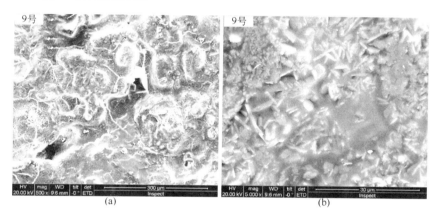

图 5 – 9 氧化镧加入量为 0.8% 的堇青石试样（9 号）SEM 图
（a）放大 500 倍；（b）放大 5000 倍

图 5 – 10 为不同氧化镧加入量的堇青石试样相对结晶度变化趋势图。图中试样相对结晶度变化趋势可以看出，加入氧化镧的 6 ~ 8 号试样（氧化镧加入量为 0.2% ~ 0.6%）的结晶相结晶度大于未加入氧化镧的 0 号试样的相对结晶度。8 号试样的相对结晶度最大，氧化镧加入量为 0.6% 的 8 号试样比 7 号试样的相对结晶度有少量增加，结果说明堇青石材料中加入适量氧化镧会改善堇青石材料中的液相性质。当氧化镧加入量继续增加时，试样的相对结晶度显著降低，同时结构中结晶相数量也将显著减少。结合图 5 – 9 所示氧化铬加入量为 0.8% 的 9 号试样显微结构形貌，9 号试样相对结晶度为 0.9964k%，小于 0 号试样相对结晶度，从放大 5000 倍的 9 号（a）

图可以看出，试样中玻璃相数量明显大于 0 号试样。

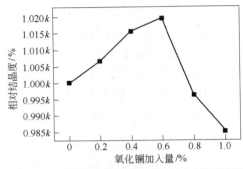

图 5 - 10　氧化镧加入量对堇青石材料相对结晶度的影响

5.3.3　氧化铈对合成堇青石材料组成结构的影响

5.3.3.1　氧化铈对菱镁矿风化石制备堇青石材料相组成的影响

图 5 - 11 为不同氧化铈加入量的堇青石试样 XRD 图谱。图中衍射峰性质可以看出合成堇青石材料的主晶相为堇青石，11 ~ 15 号试样中氧化铈的引入使材料中莫来石相增加明显，但从莫来石相特征衍射峰上看，随着氧化铈加入量增加，莫来石的衍射峰强度变化不

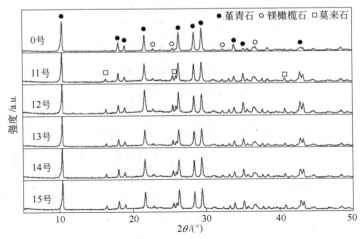

图 5 - 11　不同氧化铈加入量堇青石材料 XRD 图谱

大。氧化铈在堇青石材料中最大引入量为 1.0%，而从图中衍射峰性质看，没有发现与氧化铈相关的矿物相出现，说明铈离子可能已经参与到结晶相的固相反应。Shi 等关于氧化铈对堇青石组成结构的影响就有过相关报道，尤其关于铈离子改性二氧化硅微粉对堇青石晶相转变的影响[70,84]。分析认为作为一种高价态、低离子场强的铈离子参与了合成堇青石的固相反应，因此对堇青石相的晶格常数及晶胞体积进行对比分析。

5.3.3.2　氧化铈对堇青石相晶格常数的影响

图 5 – 12 为固相反应合成堇青石材料中主晶相堇青石的晶格常数和晶胞体积随氧化铈加入量的变化趋势图。从图中晶格常数 a、c 及晶胞体积的变化趋势可以看出，氧化铈的加入对堇青石相晶格常数有所影响，堇青石晶格常数 a 和 c 值均随着氧化铈加入量增加，呈现增大趋势，当氧化铈加入量为 0.2% 时，即 11 号试样，堇青石晶格常数 c 值最大。当氧化铈加入量为 0.4% 时，即 12 号试样，结晶相堇青石的晶格常数 a 及晶胞体积最大。当氧化铈加入量大于 0.4% 时，堇青石晶格常数 a、c 及堇青石晶胞体积随着氧化铈加入量的增加而减小。从堇青石晶格常数 a 和 c 的变化趋势上看，晶格

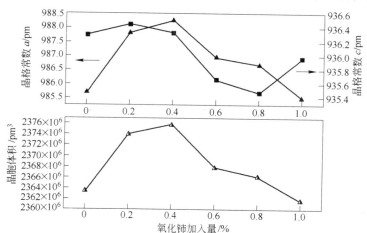

图 5 – 12　堇青石晶格常数及晶胞体积与氧化铈加入量关系图

常数 a 的变化趋势大于 c 的变化趋势。分析认为氧化铈中铈离子为四价阳离子，离子半径远大于堇青石中其他阳离子半径，铈离子与氧离子的半径比为 0.7386，铈离子与氧离子理论上形成 $[CeO_8]$ 立方体或在一定程度上形成 $[CeO_6]$ 八面体，堇青石结构中，铝离子与氧离子形成 $[AlO_4]$ 四面体，硅离子与氧离子形成 $[SiO_4]$ 四面体，结构中仅镁离子与氧离子形成 $[MgO_6]$ 八面体。如铈离子置换镁离子，其缺陷反应方程式为式（5 - 8）和式（5 - 9）所示。

$$CeO_2 \xrightarrow{MgO \cdot Al_2O_3 \cdot SiO_2} Ce_{Mg}^{\cdot\cdot} + V_{Mg}'' + 2O_O \qquad (5-8)$$

$$CeO_2 \xrightarrow{MgO \cdot Al_2O_3 \cdot SiO_2} Ce_{Mg}^{\cdot\cdot} + O_i'' + O_O \qquad (5-9)$$

分析认为，高价铈离子置换低价镁离子时带正电，为保持电平衡，结构中会出现带负电的镁离子空位或形成负电间隙氧离子。离子半径较大的铈离子置换离子半径较小镁离子时，堇青石晶格常数有变大趋势。如出现间隙氧离子，也必将提高堇青石的晶格常数和晶胞体积。考虑到氧化铈与堇青石的有限固溶作用，堇青石相晶格常数 a、c 及晶胞体积的增加具有一定局限性。从检查结果可以看出，当氧化铈加入量大于 0.4% 时，堇青石相的晶格常数及晶胞体积随氧化铈加入量增加而减小。以菱镁矿风化石为原料制备的堇青石材料中堇青石相虽然其晶格常数受到氧化铈加入量的影响，但主晶相堇青石相的晶体类型始终保持着六方晶系特征。

5.3.3.3　氧化铈对菱镁矿风化石制备堇青石材料微观结构的影响

图 5 - 13 为氧化铈加入量为 0.8% 和 1.0% 的 14 号和 15 号试样 SEM 显微结构图。图中氧化铈加入量为 0.8% 的 14 号（a）试样微观结构可以看出，500 倍的堇青石结构图中结晶相结构模糊，结构中有大量的高黏度液相及镶嵌在这些液相中的结晶相。从图中 14 号（b）微观结构可以看到液相中的针条状结构，分析认为针条状结构应为莫来石相结构，从 XRD 图谱分析可知有莫来石相生成。从氧化铈加入量为 1.0% 的 15 号（a）、15 号（b）图中观察与 14 号图结构类似，可以看出 15 号（a）试样图中高温液相比 14 号（a）图中高

温液相量大。15 号（b）图与 14 号（b）图相比，随着氧化铈加入量增加，高温液相中的针条状结构比 14 号（b）图中针条状结构要多。氧化铈的引入导致高温液相中氧化铝和二氧化硅浓度增加，促进了高温液相中莫来石相的析出[88]。

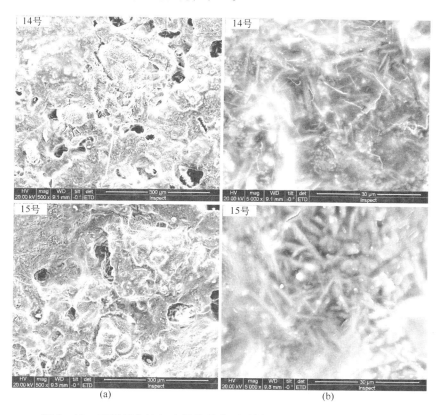

图 5 - 13　不同氧化铈加入量的堇青石试样（14 号和 15 号）SEM 图
(a) 放大 500 倍；(b) 放大 5000 倍

图 5 - 14 为不同氧化铈加入量的堇青石试样的相对结晶度变化趋势图。图中可以看出氧化铈加入量为 0.2% ~ 0.8% 的 11 ~ 14 号试样的相对结晶度均大于未加入氧化铈的 0 号试样的相对结晶度。氧化铈加入量为 0.8% 的 14 号试样的相对结晶度最高，氧化铈加入量为 1.0% 的 15 号试样的相对结晶度在各试样中是最低的。氧化铈的

引入对菱镁矿风化石制备堇青石材料中结晶相的结晶度影响与氧化铈引入对堇青石相晶格常数的影响有相似之处，均出现了随着氧化铈加入量增加而先增大后减小的趋势，分析认为氧化铈的引入活化了堇青石晶格结构，堇青石结构中离子的扩散速度增强，堇青石中结构的畸变增多，促进了堇青石等结晶相的析出和长大。

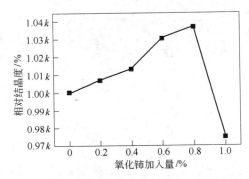

图 5－14 氧化铈加入量对堇青石材料相对结晶度的影响

5.3.4 氧化铕对合成堇青石材料组成结构的影响

氧化铕是一种不溶于水、溶于酸的稀土金属氧化物，体积密度为 7.42g/cm³。氧化铕熔点为 2002℃，具有较高的耐高温性能。

5.3.4.1 氧化铕对菱镁矿风化石制备堇青石材料相组成的影响

图 5－15 为不同氧化铕加入量的堇青石试样 XRD 图谱。与氧化铬、氧化镧和氧化铈加入对堇青石材料物相组成的影响相类似，结构中不同程度出现了莫来石相，但从图中可以明显看出加入氧化铕的堇青石试样中莫来石相的衍射峰强度较弱，加入氧化铕为 0.8% 的 19 号试样中莫来石相衍射峰才初见端倪。随着氧化铕加入量增加，莫来石的衍射峰强度有些许增强。由以上分析得知，同在六配位的情况下，Eu^{3+} 的电场强度为 3.345，低于 Ce^{4+} 的 5.285，更低于 Cr^{3+} 的 7.932，略高于 La^{3+} 的 2.817。从堇青石中各离子的电场强度关系看 Eu^{3+} 不具备吸引氧化镁中 O^{2-} 而减弱 Mg－O 键力的能力，但从 XRD 分析结果看出，随着氧化铕加入量增加，系统中确实出现了莫

来石相。但考虑到 Eu^{3+} 半径是添加剂离子中半径较大的，因此分析认为，氧化铕的引入能够造成带有母盐结构的轻烧活性氧化镁的晶格畸变。随着固相反应的进行，堇青石相逐渐形成，固溶在堇青石结构中的氧化铕造成堇青石相的晶格畸变。

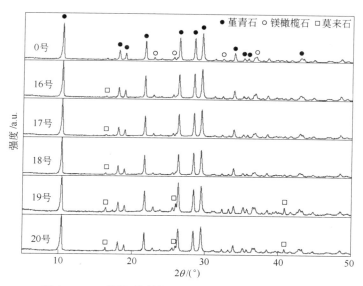

图 5 – 15　不同氧化铕加入量的堇青石材料 XRD 图谱

5.3.4.2　氧化铕对堇青石相晶格常数的影响

图 5 – 16 为不同氧化铕加入量的堇青石晶格常数和晶胞体积变化趋势图。从图中堇青石晶格常数和晶胞体积的变化趋势可以看出，由于氧化铕的固溶作用，当氧化铕加入量小于 0.6% 时，随着氧化铕加入量增加，堇青石的晶格常数和晶胞体积有所增加，当氧化铕加入量为 0.6% 时，堇青石相 a 轴晶向族方向晶格常数增加幅度 0.23%，c 轴晶向族方向晶格常数增加幅度 0.12%。随着氧化铕加入量的增加，堇青石的晶格常数和晶胞体积又出现减小趋势，当氧化铕加入量达到 0.8% 时，晶格常数和晶胞体积基本恢复到未加入添加剂的水平。如以上分析，认为堇青石晶格常数和晶胞体积的增加主要是由氧化铕的置换固溶作用所致。

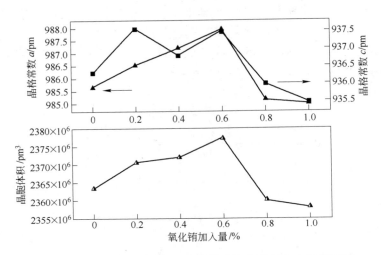

图 5 – 16　堇青石晶格常数及晶胞体积与氧化铕加入量关系图

氧化铕对堇青石的固溶主要是通过 Eu^{3+} 置换堇青石中 Mg^{2+} 造成的，缺陷反应方程如式（5 – 10）和式（5 – 11）所示。

$$Eu_2O_3 \xrightarrow{2MgO \cdot 2Al_2O_3 \cdot 5SiO_2} 2Eu_{Mg}^{\cdot} + V_{Mg}'' + 3O_O \qquad (5 – 10)$$

$$Eu_2O_3 \xrightarrow{2MgO \cdot 2Al_2O_3 \cdot 5SiO_2} 2Eu_{Mg}^{\cdot} + O_i'' + 2O_O \qquad (5 – 11)$$

溶质离子与溶剂离子关系如 $\Delta r = \dfrac{r_{Eu^{3+}} - r_{Mg^{2+}}}{r_{Mg^{2+}}} \times 100\% = 31.5\%$，

接近 30%。由于离子半径差距较大，氧化铕中 Eu^{3+} 置换 Al^{3+} 和 Si^{4+} 可能性较小。Eu^{3+} 只能通过取代 Mg^{2+} 进入晶格，Eu^{3+} 和 Mg^{2+} 的电价不同，置换固溶过程中形成带负电的 V_{Mg}'' 和 O_i'' 缺陷。从以上晶格常数和晶胞体积的变化趋势看，氧化铕的过量引入致使堇青石结构中形成 V_{Mg}'' 缺陷，导致随着氧化铕加入量增加，堇青石晶格常数和晶胞体积逐渐减小[120]。

5.3.4.3　氧化铕对菱镁矿风化石制备堇青石材料微观结构的影响

图 5 – 17 为氧化铕加入量为 0.8% 的 19 号堇青石试样的 SEM 图。从图中放大 500 倍的 19 号（a）可以看出，堇青石结构出现不

同程度的较接近于圆形的气孔，基体呈现无定形的董青石相。从放大 5000 倍的 19 号（b）图可以看出，基体的董青石呈现无定形状态，与以上加入氧化铬、氧化镧、氧化铈的董青石试样微观结构相比较，加入 0.8% 氧化铕的董青石试样的 XRD 图中已经出现了莫来石相。

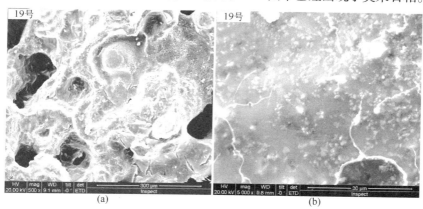

图 5 – 17　氧化铕加入量为 0.8% 的董青石试样（19 号）SEM 图
（a）放大 500 倍；（b）放大 5000 倍

图 5 – 18 为不同氧化铕加入量的董青石试样相对结晶度的变化趋势图。从图中董青石试样相对结晶度的变化趋势可以看出，氧化铕的加入导致了董青石材料结晶度的降低。高温状态下，氧化铕的加入促进了液相的形成，同时从试样相对结晶度的变化趋势上看，当氧化铕加入继续增加，高温状态形成液相的趋势减缓。

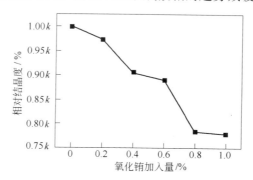

图 5 – 18　氧化铕加入量对董青石材料相对结晶度的影响

5.3.5   氧化镝对合成董青石材料组成结构的影响

氧化镝是一种溶于酸和乙醇的稀土金属氧化物，体积密度 7. 81g/cm³，熔点 2340℃。该氧化物常温为白色粉末，主要用于制备金属镝，在玻璃、永磁体等领域也有应用。

5.3.5.1   氧化镝对菱镁矿风化石制备董青石材料相组成的影响

图 5 – 19 为不同氧化镝含量的董青石试样 XRD 图。与氧化铕对董青石材料物相组成的结果相似，图中 21 ~ 25 号与 0 号试样相比均出现了莫来石相，同时与加入氧化铕的董青石试样相比，加入少量的氧化镝的 21 号试样即已经出现了莫来石相衍射峰。但随着氧化镝加入量增加，莫来石的衍射峰强度变化甚微。分析认为出现此结果与氧化镝中 Dy^{3+} 的电场强度有关，同氧化铕中 Eu^{3+} 的电场强度相比，Dy^{3+} 的电场强度稍高，电场强度为 3. 607，因此在董青石系统中出现莫来石相的可能性更高一些。同时在图 5 – 19 中也发现了一种与上节分析氧化铕结果相似的现象，系统中没有出现与添加物相关的物相，说明氧化镝很有可能已经进入到了董青石相晶格结构中，并导致董青石晶体结构发生畸变。

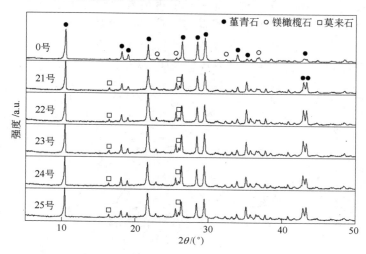

图 5 – 19   不同氧化镝加入量董青石材料 XRD 图谱

5.3.5.2　氧化镝对堇青石相晶格常数的影响

图 5 - 20 为堇青石晶格常数和晶胞体积与氧化镝加入量关系图。图中堇青石晶格常数和晶胞体积变化趋势可以看出，堇青石仍然具有组群状结构和六方晶系特征，堇青石的晶格常数和晶胞体积同样出现先增大后减小的趋势，当氧化镝加入量为 0.8% 时，堇青石的晶格常数和晶胞体积最大。

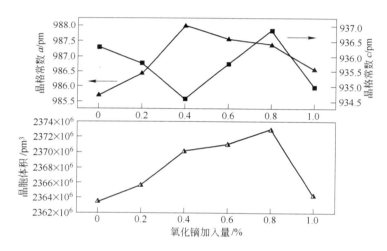

图 5 - 20　堇青石晶格常数及晶胞体积与氧化镝加入量关系图

堇青石相的晶胞体积比未加入添加剂的 0 号试样的晶胞体积增加了 0.41%，在 a 轴晶向族方向增加了 0.17%，而在 c 轴晶向族方向增加了 0.06%。与加入氧化铈等一样，在堇青石通过固相反应形成过程中，氧化镝中 Dy^{3+} 不容易形成间隙阳离子。同时由于离子半径差距较大，Dy^{3+} 不容易置换堇青石中 Si^{4+} 和 Al^{3+}，而 Dy^{3+} 置换堇青石中 Mg^{2+} 所造成的置换固溶缺陷反应方程式如式（5 - 12）和式（5 - 13）所示。

$$Dy_2O_3 \xrightarrow{2MgO \cdot 2Al_2O_3 \cdot 5SiO_2} 2Dy_{Mg}^{\cdot} + V_{Mg}'' + 3O_O \qquad (5 - 12)$$

$$Dy_2O_3 \xrightarrow{2MgO \cdot 2Al_2O_3 \cdot 5SiO_2} 2Dy_{Mg}^{\cdot} + O_i'' + 2O_O \qquad (5 - 13)$$

　　如缺陷反应方程所示，堇青石结构中形成带 V''_{Mg} 和 O''_i 缺陷，增加了堇青石的晶格能，为堇青石基体结构中氧化铝与二氧化硅形成莫来石创造了有利条件。Dy^{3+} 与 Mg^{2+} 的离子半径关系为 $\Delta r = \dfrac{r_{Dy^{3+}} - r_{Mg^{2+}}}{r_{Mg^{2+}}} \times 100\% = 26.7\%$，$15\% < \Delta r < 30\%$，$Dy^{3+}$ 半径大于 Mg^{2+} 的离子半径，置换过程中堇青石晶格常数和晶胞体积增加，随着置换离子数量的增加，结构中 V''_{Mg} 空位的增加，导致了堇青石晶格常数和晶胞体积的减小。分析认为堇青石处于氧离子的紧密堆积状态，如式（5 – 13）所示出现大量 O''_i 的可能性较小，从图中堇青石晶格常数和晶胞体积的变化趋势上看也可以反映这种情况。

5.3.5.3　氧化镝对菱镁矿风化石制备堇青石材料微观结构的影响

　　图 5 – 21 为加入 0.8% 氧化镝的堇青石试样放大 500 倍和 5000 倍的微观结构图。将图 5 – 21 放大 500 倍的堇青石试样微观结构 24 号（a）对比图 5 – 17 加入 0.8% 氧化铈的微观结构，可以看出，加入 0.8% 氧化镝的 24 号试样的致密度更高，孔隙率更小。而加入 0.8% 的氧化铈配方试样的微观结构中孔隙率相对较高。将图中放大 5000 倍的 24 号（b）对比图 5 – 17 19 号（b）微观结构图，可以看

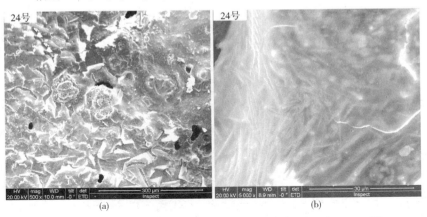

(a)　　　　　　　　　　　　　(b)

图 5 – 21　氧化镝加入量为 0.8% 的堇青石试样（24 号）SEM 图
(a) 放大 500 倍；(b) 放大 5000 倍

出，加入 0.8% 氧化镝的 24 号配方试样中出现了许多针状的莫来石相，针状的莫来石结构长度约 5 ~ 15μm，直径约为 1 ~ 2μm。从莫来石相生成量的角度看，氧化铈加入 0.8% 的 19 号配方试样微观结构中几乎看不到莫来石相，而加入氧化镝的堇青石试样莫来石相逐渐增多，莫来石晶相尺寸增大。这与 XRD 分析结果及晶相含量分析结果相一致。

图 5 – 22 为不同氧化镝加入量的堇青石试样相对结晶度变化趋势图。图中堇青石试样相对结晶度变化趋势看出，加入氧化镝的堇青石试样相对结晶度变化趋势与加入氧化铈的堇青石试样相对结晶度的变化趋势相似，与加入氧化铈的堇青石材料的相对结晶度相比，堇青石材料相对结晶度的降低趋势更为明显，结晶相数量减少。高温状态下液相量的增加促进了离子交换速度的增加，但加入氧化镝没有明显改善堇青石材料液相性质[120]。

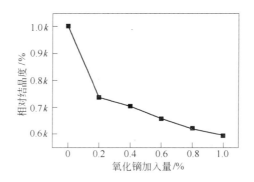

图 5 – 22　氧化镝加入量对堇青石材料相对结晶度的影响

5.3.6　氧化铒对合成堇青石材料组成结构的影响

氧化铒是一种微溶于无机酸、不溶于水的稀土金属氧化物，体积密度 8.64g/cm³，该氧化物加热到 1300℃ 时转变成六方结晶体。氧化铒主要用于制备特种发光玻璃、红外线吸收玻璃或着色剂等。

5.3.6.1　氧化铒对菱镁矿风化石制备堇青石材料相组成的影响

图 5 – 23 为不同氧化铒加入量的堇青石试样 XRD 图谱。图中镁

橄榄石特征峰强度可以看出，引入氧化铒对镁橄榄石相衍射峰强度影响较小。而从 26 ~ 30 号试样各物相的特征峰与 0 号试样相对比，与上节结果相似，莫来石相衍射峰出现。莫来石相一旦出现，莫来石相衍射峰强度随氧化铒加入量变化不大。图中也没有发现与铒元素有关的矿相出现。分析认为铒离子进入主晶相董青石相可能性较大。经计算，Er^{3+} 在六配位基础条件下电场强度为 3.858，略高于 Mg^{2+} 的电场强度，因此在组成 $MgO - Al_2O_3 - SiO_2 - Er_2O_3$ 系统中，Er^{3+} 会吸引 MgO 中 O^{2-} 而减弱 Mg - O 的键力，导致高温状态下 $Al_2O_3 - SiO_2$ 形成稳定相莫来石相。

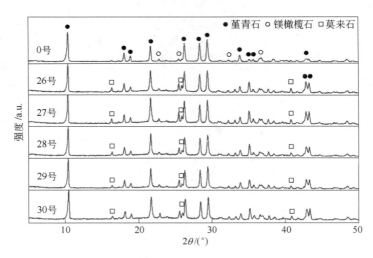

图 5 - 23　不同氧化铒加入量董青石试样 XRD 图谱

5.3.6.2　氧化铒对董青石相晶格常数的影响

图 5 - 24 为加入不同量氧化铒的董青石晶格常数和晶胞体积变化趋势图。从图中变化趋势可以看出，加入 0.2% 氧化铒的 26 号试样中董青石的晶格常数和晶胞体积最大。当氧化铒加入量大于 0.4% 时，随着氧化铒加入量的增加，董青石相晶格常数和晶胞体积呈现下降趋势，当氧化铒加入量为 1.0% 时，董青石相的晶胞体积比未加入添加剂的 0 号试样的晶胞体积降低了 1.4%。在不同晶向上降低幅

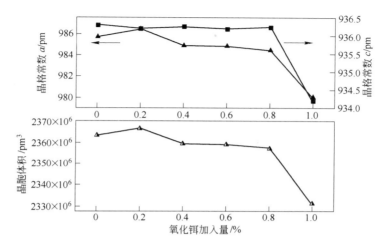

图 5 - 24　堇青石晶格常数及晶胞体积与氧化铒加入量关系图

度不同，在 a 轴晶向族方向降低了 0.6% ，而在 c 轴晶向族方向降低了 0.2% 。从 XRD 图中可以判断加入氧化铒小于 1.0% 的堇青石仍然保持组群状结构，属于六方晶系。分析认为氧化铒参与了堇青石的固相反应，造成了堇青石相晶格常数和晶胞体积的变化。在堇青石通过固相反应形成过程中，由于堇青石结构属于紧密堆积结构，氧化铒中 Er^{3+} 不容易形成间隙阳离子。硅氧离子形成［SiO_4］四面体，铒氧离子形成［ErO_6］八面体，Er^{3+} 替代 Si^{4+} 可能性极小。Al^{3+} 和 Er^{3+} 的半径分别为 0.054nm 和 0.089nm，半径差距较大，$\Delta r = \dfrac{r_{Er^{3+}} - r_{Al^{3+}}}{r_{Al^{3+}}} \times 100\% = 66.4\% > 30\%$ ，半径比不满足形成有限置换固溶体的基本条件。$\Delta r = \dfrac{r_{Er^{3+}} - r_{Mg^{2+}}}{r_{Mg^{2+}}} \times 100\% = 23.6\%$ ，即 $15\% < \Delta r < 30\%$ ，满足形成有限置换固溶体的条件，Er^{3+} 置换 Mg^{2+} 进入堇青石晶格的置换固溶缺陷反应方程式如式（5 - 14）和式（5 - 15）所示。

$$Er_2O_3 \xrightarrow{2MgO \cdot 2Al_2O_3 \cdot 5SiO_2} 2Er_{Mg}^{\cdot} + V_{Mg}'' + 3O_O \qquad (5 - 14)$$

$$Er_2O_3 \xrightarrow{2MgO \cdot 2Al_2O_3 \cdot 5SiO_2} 2Er_{Mg}^{\cdot} + O_i'' + 2O_O \qquad (5 - 15)$$

分析认为 Er^{3+} 半径大于 Mg^{2+} 半径，因此随着置换过程的不断加剧，堇青石晶格常数和晶胞体积逐渐增大，同时考虑到如式（5 - 14）所形成的 V''_{Mg} 会导致晶格常数和晶胞体积的变小。而如式（5 - 15）所示，O''_i的形成会导致晶格常数和晶胞体积的增大。

从图 5 - 24 所示的堇青石晶格常数和晶胞体积变化趋势分析，氧化铒加入量为 0.2% 时，堇青石结构中更容易形成 O''_i缺陷。当氧化铒继续添加时，堇青石结构中缺陷形式更趋向于形成 V''_{Mg}缺陷，导致晶格常数和晶胞体积的减小。无论堇青石结构中形成何种缺陷，均能造成堇青石晶格畸变，促进堇青石结构中阳离子的扩散，为堇青石基体结构中氧化铝与二氧化硅形成莫来石创造有利条件[120]。

5.3.6.3 氧化铒对菱镁矿风化石制备堇青石材料微观结构的影响

图 5 - 25 为氧化铒加入量为 0.8% 的 29 号堇青石试样 SEM 图。图中放大 500 倍的加入 0.8% 氧化铒的 29 号（a）试样的致密度较高，孔隙率较小。与图 5 - 17 所示加入 0.8% 氧化铈的 19 号配方试样微观结构相比，加入氧化铒的堇青石试样微观结构孔隙率较高。从莫来石相生成量的角度看，氧化铈加入量为 0.8% 的配方试样微观结构中几乎看不到莫来石相，而加入氧化铒的 29 号配方试样莫来相逐渐增多，莫来石晶相尺寸增大。

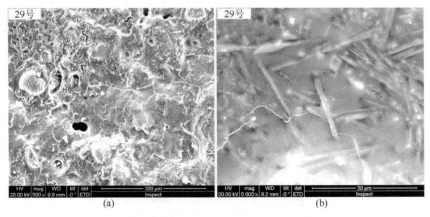

图 5 - 25 氧化铒加入量为 0.8% 的堇青石试样（29 号）SEM 图
（a）放大 500 倍；（b）放大 5000 倍

图 5 – 26 为不同氧化铒加入量的堇青石试样相对结晶度变化趋势图。从图中烧后试样相对结晶度变化趋势可以看出，随着氧化铒加入量的增加，堇青石试样的相对结晶度逐渐降低。当氧化铒加入量大于 0.4% 时，试样相对结晶度的降低趋势减缓。结合图 5 – 25 所示试样微观形貌，试样常温状态下玻璃相增多，说明结构中加入氧化铒造成了高温状态下液相的形成。

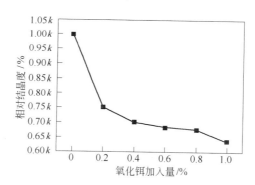

图 5 – 26　氧化铒加入量对堇青石材料相对结晶度的影响

5.3.7　氧化锆对合成堇青石材料组成结构的影响

5.3.7.1　氧化锆对菱镁矿风化石制备堇青石材料相组成的影响

图 5 – 27 所示为不同氧化锆加入量的堇青石试样 XRD 图谱。图中从镁橄榄石特征峰强度可以看出，引入氧化锆对其矿相衍射峰强度影响不大。而从 31 ~ 33 号试样与 0 号试样的 XRD 图中莫来石相衍射峰对比可以看出，氧化锆的引入使堇青石材料中莫来石相增加。从 34 号和 35 号的莫来石衍射峰上看，随着氧化锆加入量增加，莫来石的衍射峰强度变化不大。分析原因主要是由于阳离子的电场强度不同造成的，如同在六配位的情况下，Zr^{4+} 及堇青石结构中 Mg^{2+}、Al^{3+} 和 Si^{4+} 的电场强度分别为 7.716、3.858、10.48 和 25。从各离子的电场强度关系可以看出，Zr^{4+} 的电场强度高于 Mg^{2+} 的电场强度，却低于 Al^{3+} 和 Si^{4+} 的电场强度。在组成 MgO – Al$_2$O$_3$ – SiO$_2$ – ZrO$_2$ 系统中，Zr^{4+} 会吸引 MgO 中 O^{2-} 而减弱 Mg – O 的键力，导致高温状态

下 Al_2O_3 – SiO_2 形成稳定的莫来石相。

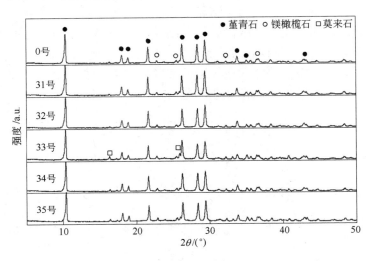

图 5 – 27   不同氧化锆加入量堇青石材料 XRD 图谱

5.3.7.2　氧化锆对堇青石相晶格常数的影响

图 5 – 28 为不同氧化锆加入量的堇青石晶格常数和晶胞体积变化趋势图。图中堇青石的晶格常数和晶胞体积的变化趋势可以看出，31 ~ 33 号试样中堇青石的晶格常数和晶胞体积随着氧化锆加入量的增加而逐渐增大。当氧化锆加入量为 1.2% 时，堇青石相的晶格常数和晶胞体积最大。

从不同晶向上晶格常数的增长关系上看，a 轴晶向族方向晶格常数增加幅度 0.31%，c 轴晶向族方向晶格常数增加幅度 0.10%。原因主要在于氧化锆参与了堇青石的固相反应。堇青石在固相反应形成过程中，由于结构属于紧密堆积，氧化锆中 Zr^{4+} 不容易形成间隙阳离子。硅氧离子形成 $[SiO_4]$ 四面体，锆氧离子形成 $[ZrO_6]$ 八面体，Zr^{4+} 替代 Si^{4+} 可能性极小。并且 Zr^{4+} 与 Al^{3+} 电价不同，Al^{3+} 半径和 Zr^{4+} 半径分别为 0.054nm 和 0.072nm，差距较大，$\Delta r = \dfrac{r_{Zr^{4+}} - r_{Al^{3+}}}{r_{Al^{3+}}} \times 100\% = 33.3\% > 30\%$，不满足有限置换固溶体形成的

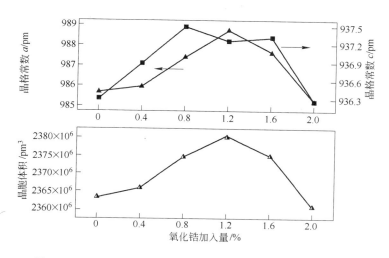

图 5 - 28   堇青石晶格常数及晶胞体积与氧化锆加入量关系图

基本条件。因此 Zr⁴⁺ 只能通过取代 Mg²⁺ 进入晶格，并且 $r_{Mg^{2+}}$ 与 $r_{Zr^{4+}}$ 几乎相同，满足形成置换固溶体的条件。而 Zr^{4+} 和 Mg^{2+} 的电价不同，形成置换固溶过程中缺陷反应方程式如式（5 - 16）和式（5 - 17）所示。

$$ZrO_2 \xrightarrow{2MgO \cdot 2Al_2O_3 \cdot 5SiO_2} Zr_{Mg}^{\cdot\cdot} + V_{Mg}'' + 2O_O \qquad (5-16)$$

$$ZrO_2 \xrightarrow{2MgO \cdot 2Al_2O_3 \cdot 5SiO_2} 2Zr_{Mg}^{\cdot\cdot} + 2O_i'' + 2O_O \qquad (5-17)$$

置换固溶形成过程中保持电价平衡，结构中形成带负电的 V_{Mg}'' 和 O_i'' 缺陷。如式（5 - 16）所示堇青石结构中形成的 V_{Mg}'' 会导致晶格常数和晶胞体积变小，而如式（5 - 17）所示 O_i'' 的形成会导致晶格常数和晶胞体积的增大。从以上晶格常数和晶胞体积的变化趋势看，当氧化锆加入量小于 1.2% 时，随着氧化锆加入量的增加，堇青石结构中形成 O_i'' 缺陷的可能性较大，导致堇青石晶胞在 a 轴晶向族方向晶格常数变化较大。当氧化锆加入量由 1.2% 增加到 2.0% 时，堇青石结构中缺陷形式的改变（即 O_i'' 缺陷转变成 V_{Mg}'' 缺陷）可能是导致晶格常数和晶胞体积逐渐减小的主要原因[121]。氧化锆的加入使堇青石结构中由于 Zr^{4+} 的置换作用形成了 O_i'' 缺陷或 V_{Mg}'' 缺陷，缺陷造成的堇青石晶格畸变促进了堇青石结构中阳离子的扩散，为堇青石基体结构中氧化铝与二氧化硅形成莫来石创造了有利条件。莫来石相属于高温物相，形成的莫来石相在堇青石基体结构中呈针状形式长大。

5.3.7.3 氧化锆对菱镁矿风化石制备堇青石材料微观结构的影响

图 5 – 29 为氧化锆加入量为 0.8% 的 32 号试样和氧化锆加入量为 1.6% 的 34 号试样 500 倍（a）和 5000 倍（b）的 SEM 照片。图中 32 号（a）和 34 号（a）的微观结构可以看出，堇青石结构致密度随着氧化锆加入量增加而逐渐增加，孔隙率逐渐减小，说明氧化锆的加入对提高堇青石材料的致密性有利。从图 5 – 29 中 32 号（b）和 34 号（b）的微观结构可以看出结构中的莫来石相量也有增加。从图 32 号（b）中莫来石晶相形貌特征上看，莫来石相为针状结构，长度约 5 ~ 10μm，直径为 1 ~ 2μm。随着氧化锆加入量增加，34 号（b）试样结构中莫来石相形貌特征为针柱状结构，长度约 20 ~ 30μm，直径为 3 ~ 5μm。从图 32 号（a）也可以明显看出此种结构是在整个堇青石结构中的局部出现，分布不均匀。但从这种现象中可以了解到氧化锆的加入在一定程度上促进了莫来石晶相的长大。莫来石形成的区域往往集中在结构的孔隙及堇青石晶粒边缘液相区域。

图 5 – 30 为不同氧化锆加入量的堇青石试样相对结晶度变化趋势图。从图中结晶度变化趋势可以看出，随着氧化锆加入量增加，堇青石试样相对结晶度呈现逐渐减小趋势。分析认为 Zr^{4+} 引入到堇青石结构中造成的结构缺陷促进堇青石结构中晶格畸变。随着固相反应的逐渐进行，离子扩散速度的加快，堇青石晶粒边缘杂质对新形成的堇青石相的溶解和渗透加快，低熔点物质高温下形成的部分液相在宏观分析上表现为结晶度降低。同时随着氧化锆含量的增加以及 Zr^{4+} 加速固相反应"任务"的结束，更多的 Zr^{4+} 进入到堇青石晶粒边缘，高温下与杂质形成更多的液相。氧化锆加入量从 1.2% 增加到 2.0%，材料结晶度从 0.9808k% 降低到 0.9407k% 也说明了以上分析。结合 XRD 分析、结晶度分析及 SEM 分析，结构中 Al_2O_3 和

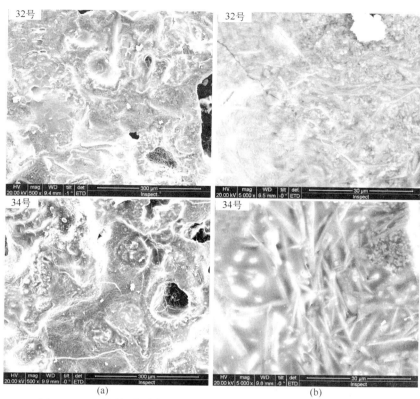

图 5-29　不同氧化锆加入量堇青石试样（32 号和 34 号）SEM 图

（a）放大 500 倍；（b）放大 5000 倍

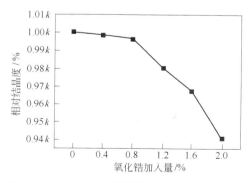

图 5-30　氧化锆加入量对堇青石材料相对结晶度的影响

SiO$_2$ 的大量存在为形成莫来石相提供了组成基础。Zr^{4+} 的置换作用及 Zr^{4+} 高于 Mg^{2+} 的电场强度导致 Zr^{4+} 吸引氧化镁中 O^{2-} 而减弱 Mg - O 的键力，Zr^{4+} 对 Mg^{2+} 的这种牵制作用也为氧化铝和二氧化硅形成莫来石提供先决条件，同时董青石结构中的部分液相为 Al^{3+}、Si^{4+} 扩散提供了便利条件。莫来石在形成过程中的体积膨胀作用导致了董青石结构中靠近气孔的液相区域更容易形成莫来石相。

综合以上分析，本章对比研究了不同种类和数量的七种添加剂对合成六方晶系董青石材料物相组成、晶格常数、晶胞体积、材料微观结构及相对结晶度的影响。结果发现分别加入氧化镧、氧化铈、氧化铕、氧化镝和氧化锆五种添加剂的配方试样中董青石相晶胞体积均随着添加剂加入量增加而呈现先增大后减小趋势，而董青石晶格常数 a 和 c 随添加剂加入量增加的变化趋势各不相同。当氧化镧加入量为 0.4% 时，在该类配方中董青石晶格常数和晶胞体积最大。当氧化铈加入量为 0.2% 时，在该类配方中董青石晶格常数 c 值最大。氧化镝加入量为 0.4% 时，在该类配方中董青石晶格常数 a 值最大，但 c 值最小，当氧化镝加入量为 0.8% 时，董青石晶胞体积最大。当氧化锆加入量为 1.2% 时，在该类配方中董青石晶格常数 a 及晶胞体积最大。董青石试样配方中加入氧化铒时，随着氧化铒加入量增加，晶格常数和晶胞体积呈减小趋势。

加入氧化镧、氧化铈的董青石配方试样相对结晶度随着添加剂加入量增加呈现先增大后减小趋势，而加入氧化铬的董青石配方试样表现出相反的变化趋势，因此适量加入氧化镧和氧化铈对于改善董青石材料高温液相性质有利，而氧化铬加入量大于 1.2% 时，可以逐渐改善液相性质。加入氧化铕、氧化镝、氧化铒和氧化锆的董青石配方试样相对结晶度均随着添加剂加入量增加呈现减小趋势，其中加入氧化锆的董青石配方试样相对结晶度减小趋势较弱。结合以上物相组成分析、材料相对结晶度及微观结构分析，结果发现在氧化镁 - 氧化铝 - 二氧化硅系统中，添加剂离子电场强度高于或接近于 Mg^{2+} 的电场强度，添加剂离子就可减弱 Mg - O 的键力，导致氧化铝和二氧化硅形成莫来石。随着添加剂加入量增加以及添加剂离子电场强度增加，莫来石相呈增多趋势，结构中针状莫来石晶相呈逐渐变大趋势。

6 工业废弃物合成 $MgO - Al_2O_3 - SiO_2$ 系材料分析与探索

6.1 菱镁矿风化石与含氧化铝废弃物合成镁铝尖晶石

基于以上合成 $MgO - Al_2O_3 - SiO_2$ 系材料的研究方法，为进一步拓展合成材料的研究领域，试验利用物相分析、显微结构分析、相对结晶度等研究手段，以菱镁矿风化石及含氧化铝废弃物为主要原料制备低成本镁铝尖晶石材料。试验选用的含氧化铝废弃物主要包括铁合金厂铝钛渣、铝型材厂污泥以及工业铝灰，这三种含氧化铝的废弃物均具有来源广、成本低等优势。

6.1.1 菱镁矿风化石与铝钛渣合成镁铝尖晶石材料的研究

试验选用铁合金厂铝钛渣与菱镁矿风化石合成制备镁铝尖晶石。铁合金厂铝钛渣属于冶金工业废弃物，具有氧化铝含量高、成本低廉、对环境污染大等特点，利用铁合金厂铝钛渣废弃物与菱镁矿风化石合成镁铝尖晶石具有巨大的经济效益和社会效益。试验选用的铝钛渣为锦州某铁合金厂铝热法生产金属钛过程中形成的工业废渣。

试验原料包括菱镁矿风化石和铁合金厂铝钛渣，原料化学组成如表 6 - 1 所示。

表 6 - 1　试验原料所含各化学成分质量分数　　（％）

成　分	SiO_2	Al_2O_3	MgO	CaO	Fe_2O_3	TiO_2	灼减
菱镁矿风化石	3.92	0.52	42.82	3.32	1.12	—	46.89
铁合金厂铝钛渣	5.15	66.92	6.65	6.65	0.40	12.16	—

试验基础配方为菱镁矿风化石 30.0％、工业氧化铝 70.0％，配方编号 No.1。试验逐渐增加菱镁矿风化石比例，具体试验配方如表

6 – 2 所示。

表 6 – 2　试验配方含量　　　　　（%）

原料	菱镁矿风化石	铁合金厂铝钛渣	原料	菱镁矿风化石	铁合金厂铝钛渣
No. 1	30.0	70.0	No. 3	40.0	60.0
No. 2	35.0	65.0	No. 4	45.0	55.0

　　将各配方物料采用湿磨工艺湿磨 3h，湿磨后物料在 110℃ 的干燥箱干燥 12h，干燥后试样用 5% 的聚乙烯醇溶液（质量分数为 5%）作为结合剂，半干法成型，成型压力 100MPa。成型后试样 110℃ 干燥 2h，于 1500℃ 保温 2h 进行烧成。烧后试样随炉冷却至室温。

　　用 Y – 2000 型 X 射线粉末衍射（X – ray diffraction，RXD）仪（Cu 靶 K_{a1} 辐射，电流为 40mA，电压为 40kV，扫描速度为 4°/min）分析试样的矿物组成。采用 X′ Pert Plus 软件对 X 射线衍射图进行拟合，标定 1500℃ 烧后的 No. 1 镁铝尖晶石试样的结晶度为 k%，计算 No. 2 ~ No. 4 试样的相对结晶度。用日本电子 JSM6480LV 型 SEM 扫描电镜分析试样微观结构及组织形貌。

6.1.1.1　菱镁矿风化石加入量对合成镁铝尖晶石材料相组成的影响

　　图 6 – 1 为固相反应烧结制备镁铝尖晶石试样 XRD 图谱。从试样 XRD 图谱定性分析，可以了解到烧后试样中有三种矿相组成，包括镁铝尖晶石、镁橄榄石和方镁石相。No. 1 试样中镁铝尖晶石相作为主晶相，衍射峰强度最高，次晶相为方镁石相和镁橄榄石相。分析认为菱镁矿风化石与铁合金厂铝渣都不同程度引入了二氧化硅，而二氧化硅与过量的氧化镁形成镁橄榄石，镁橄榄石特征峰随着菱镁矿风化石含量增加而减弱。从试样 No. 2 ~ No. 4 衍射图可以看出，随着菱镁矿风化石加入量的增加，试样中方镁石相逐渐增多，方镁石相衍射峰强度逐渐增强。当菱镁矿风化石加入量大于 40% 时，试样中方镁石的衍射峰强度已经大于镁铝尖晶石的衍射峰强度了，证明结构中出现了方镁石和镁铝尖晶石的复相组成。

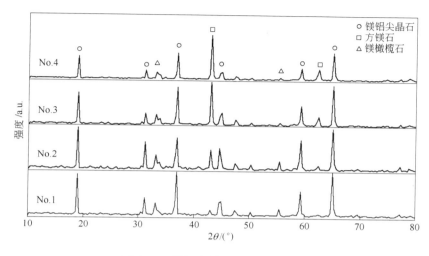

图 6-1 镁铝尖晶石试样 XRD 图谱

6.1.1.2 菱镁矿风化石加入量对合成镁铝尖晶石材料微观结构的影响

图 6-2 所示为菱镁矿风化石引入量为 30% 和 40% 的 No. 1 和 No. 3 镁铝尖晶石试样 SEM 照片。从 No. 3 试样的 SEM 照片可以看出,镁铝尖晶石相结构明显,晶粒菱角分明,基本可以辨识出镁铝尖晶石所具有的八面体形貌,粒子大小分布均匀,晶粒大小约 5 ~ 8μm。从 No. 1 试样的显微结构也可以看出镁铝尖晶石的八面体结构,但晶粒尺寸较 No. 3 试样中结晶相晶粒尺寸要小,大概 3 ~ 5μm。分析认为,菱镁矿分解过程中形成活性氧化镁有利于镁铝尖晶石的形成,菱镁矿分解所形成母盐假象有利于铝钛渣中铝离子向氧化镁中扩散,同时铝钛渣中的氧化钛对活性氧化镁与铝钛渣中氧化铝反应形成尖晶石有利[122]。而结构中出现的方镁石矿相,主要是由于方镁石在尖晶石中的固溶度有限,同时由于温度的降低,固溶度的下降导致结构中形成镁铝尖晶石和方镁石的复相结构。

图 6-3 所示为不同菱镁矿风化石加入量的 No. 1 ~ No. 4 合成镁铝尖晶石试样的相对结晶度趋势图。图中可以看出菱镁矿风化石加入量由 30% 增加到 40% 时,试样的相对结晶度增大了 1.0314 倍。说

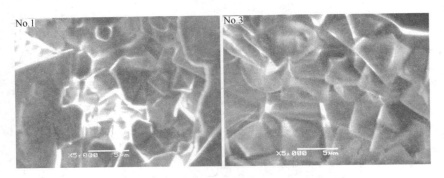

图 6-2 不同镁铝尖晶石试样 SEM 图

明合适的菱镁矿风化石与铁合金厂铝钛渣比例有利于合成镁铝尖晶石材料相对结晶度的提高，当菱镁矿风化石加入量由 40% 增加到 45% 时，镁铝尖晶石材料的相对结晶度呈现随菱镁矿风化石加入量增加而降低趋势。从菱镁矿风化石与铁合金厂铝钛渣比例同镁铝尖晶石材料相对结晶角度关系分析，菱镁矿风化石在合成镁铝尖晶石材料过程中加入量 40% 为最佳。结合图 6-2 所示镁铝尖晶石试样 SEM 图分析，当菱镁矿风化石加入量为 40% 时，合成镁铝尖晶石材料中结晶相晶体特征明显，材料中液相形成量较少。

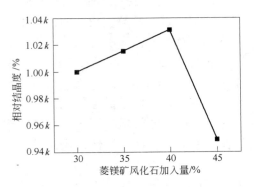

图 6-3 菱镁矿风化石加入量对试样相对结晶度的影响

6.1.2 菱镁矿风化石与碱蚀渣合成镁铝尖晶石材料的研究

铝型材碱蚀工艺主要是利用以氢氧化钠为基础的碱性溶液对铝

合金材料进行侵蚀,使铝型材表面趋于平整均匀,产生亚光表面效果,碱蚀渣为碱蚀槽残留的废渣,极具腐蚀性,必须及时清理[123]。铝型材加工过程中损耗最大的即为碱蚀工艺,约占全部生产过程溶损的90%以上[124]。堆存或掩埋碱蚀渣不仅占用大量土地,而且渗出液还会污染地下水与周边环境,因此合理处理碱蚀渣成为一项关注环境的重要课题。科研人员在铝型材行业废渣再利用方面做了大量工作,如以铝型材厂废渣为原料采用高温煅烧工艺合成莫来石、董青石、尖晶石、钛酸铝及复相材料等[125~131]。

试验原料包括菱镁矿风化石和铝型材厂碱蚀渣,原料化学组成如表6-3所示。

表6-3 试验原料所含各化学成分质量分数 （%）

成　　分	SiO_2	Al_2O_3	MgO	CaO	Fe_2O_3	TiO_2	灼减
活性轻烧氧化镁	5.65	1.23	84.64	4.25	1.30	—	2.42
1000℃烧后碱蚀渣	9.29	57.59	6.30	20.21	1.33	0.04	—

试验以活性轻烧氧化镁和热处理后铝型材厂碱蚀渣作为主要原料,轻烧氧化镁28%和热处理后碱蚀渣72%作为基础配方,配方编号No.1。试验逐渐增加轻烧氧化镁比例,具体试验配方如表6-4所示。

表6-4 试验配方含量 （%）

原料	活性轻烧氧化镁	铁合金厂铝钛渣	原料	活性轻烧氧化镁	铁合金厂铝钛渣
No.1	28.0	72.0	No.3	32.0	68.0
No.2	30.0	70.0	No.4	34.0	66.0

试验选用的碱蚀渣为辽宁某铝型材厂表面碱蚀处理后形成的碱蚀渣。该渣具有氧化铝含量高,粒度小,烧成收缩率大的特点,因此作为合成镁铝尖晶石的原料,碱蚀渣需要进行预处理。首先将铝型材厂碱蚀渣经过1000℃保温2h煅烧处理。热处理后碱蚀渣置于研磨机研磨1h。将研磨后物料用5%的聚乙烯醇溶液作为结合剂,采用半干法成型,成型压力100MPa。110℃烘干2h后,将试样置于硅钼棒箱式电炉中煅烧。煅烧温度设为1300℃、1400℃和1500℃,保

温 2h，相应试样编号记为：S1、S2、S3。将四组配方物料采用湿磨工艺湿磨 3h，湿磨后物料在 110℃ 的干燥箱干燥 12h，干燥后试样用质量分数为 5% 的聚乙烯醇溶液作为结合剂，半干法成型，成型压力 100MPa。成型后试样 110℃ 干燥 2h，于 1500℃ 保温 2h 烧成。

利用 Labsys Evo STA 同步热分析仪对铝型材厂碱蚀渣进行综合热分析，检测铝型材厂碱蚀渣随温度升高的失重和热流变化。基本参数：升温制度为 10℃/min；最高温度为 1300℃；试验条件为无气氛保护，空气条件。用 Y – 2000 型 X 射线粉末衍射（X – ray diffrac-tion，RXD）仪（Cu 靶 K_{al} 辐射，电流为 40mA，电压为 40kV，扫描速度为 4°/min）分析试样的矿物组成。采用 X′ Pert Plus 软件对 X 射线衍射图进行拟合，标定 1500℃ 烧后的 No. 1 镁铝尖晶石试样的结晶度为 k%，计算 No. 2 ~ No. 4 试样的相对结晶度。用日本电子 JSM6480LV 型 SEM 扫描电镜分析试样微观结构及组织形貌。

图 6 – 4 为铝型材厂碱蚀渣的失重和热流曲线图。从图中的失重和热流曲线可以看出有 A 点 ~ D 点 4 处较为明显的质量变化和吸热过程，分别对应的温度为 $t_A = 160℃$、$t_B = 270℃$、$t_C = 350℃$ 和 $t_D = 890℃$。t_A 和 t_B 所对应的失重曲线变化较为明显，t_C 处对应的热流变化不大。当温度高于 t_D，直至试验终了温度 1300℃，图中失重曲线变化不明显，从热流曲线可以看出系统一直处于吸热状态。

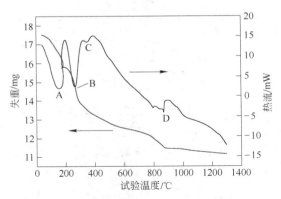

图 6 – 4　铝型材厂碱蚀渣失重曲线图

图 6 – 5 为 1300℃、1400℃ 和 1500℃ 煅烧后碱蚀渣 S1 ~ S3 试样

的 XRD 图谱，从图中 1300℃烧后试样的衍射图可以看出，系统中除少量刚玉相外，主矿物相为铝方柱石，并且从图 6-4 铝型材厂碱蚀渣失重曲线图中的 t_D 到 1300℃范围内没有明显的热流变化。分析认为图 6-4 中 t_D 温度为以铝型材厂碱蚀渣形成铝方柱石的温度。在图 6-5 不同温度煅烧后碱蚀渣试样的 XRD 图谱中，随着煅烧温度由 1300℃增加到 1500℃，试样中主晶相铝方柱石相衍射峰强度逐渐增强。

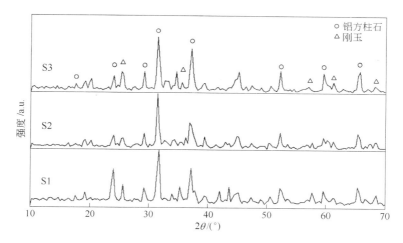

图 6-5　不同温度煅烧后碱蚀渣试样的 XRD 图谱

图 6-6 所示为不同温度煅烧后碱蚀渣试样的显微结构图，从图中可以看出 1300℃煅烧后的 S1 试样结构中有较多孔隙，结构致密性差，基本保持着铝型材厂碱蚀渣的结构特征，结构中铝方柱石相特

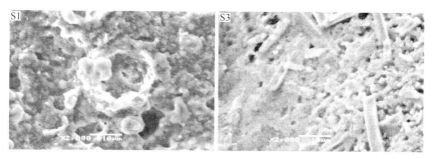

图 6-6　不同温度煅烧后试样 SEM 图

征不明显。1500℃煅烧后的 S3 试样结构明显比 1300℃煅烧后的 S1 试样致密，结构中有明显的铝方柱石结构的条柱状晶体，条柱状结构纵横交错。同时也可以看出 S3 试样中由于较高煅烧温度导致试样中玻璃相较多。

6.1.2.1 活性轻烧氧化镁加入量对合成镁铝尖晶石材料相组成的影响

图 6 – 7 为菱镁矿风化石与铝型材厂碱蚀渣合成镁铝尖晶石材料试样的 XRD 图。图中可以看出，试样相组成包括镁铝尖晶石、方镁石和部分镁橄榄石。试样中镁铝尖晶石特征峰与方镁石特征峰强度相当，镁铝尖晶石峰尖锐程度稍差。随着菱镁矿风化石加入量增加，方镁石相衍射峰强度增加。与上节合成镁铝尖晶石相衍射峰强度对比，采用铝型材厂碱蚀渣合成镁铝尖晶石相的衍射峰强度较低，尖锐程度不足。分析认为铝型材厂碱蚀渣中杂质含量高，其中氧化钙、二氧化硅含量较高，易与氧化铝形成低熔点的玻璃相[132]。随着活性轻烧氧化镁含量增加，系统的物相组成变化不明显，包括镁铝尖晶石相、方镁石相和镁橄榄石相。

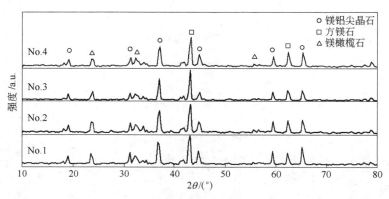

图 6 – 7 菱镁矿风化石与铝型材厂碱蚀渣合成镁铝尖晶石试样 XRD 图谱

6.1.2.2 活性轻烧氧化镁加入量对合成镁铝尖晶石材料微观结构的影响

图 6 – 8 为采用活性轻烧氧化镁（以菱镁矿风化石为原料）与铝

型材厂碱蚀渣合成镁铝尖晶石材料配方 No. 1 和 No. 4 试样 SEM 照片，从图中可以看出几乎无法辨认镁铝尖晶石的结晶相，晶粒菱角圆钝，低熔点、低黏度的玻璃相覆盖在结晶相晶粒的表面，晶界较为模糊，晶粒大小不均。但可以看出 No. 1 试样中晶粒的尺寸明显大于 No. 4 试样。

图 6 - 8　不同镁铝尖晶石试样 SEM 照片

图 6 - 9 为活性轻烧氧化镁加入量对镁铝尖晶石材料试样相对结晶度影响图。当轻烧后菱镁矿风化石引入量由 28% 增加到 30% 时，试样中结晶相结晶度减小了 3.04%。而当轻烧菱镁矿风化石引入量继续增加时，合成镁铝尖晶石材料试样相对结晶度继续降低。当轻烧菱镁矿风化石引入 34% 时，镁铝尖晶石材料的相对结晶度为 0.8784k%。试样相对结晶度降低反映了系统高温状态下液相的数量，说明随着菱镁矿风化石增加，高温下系统中形成了部分液相。

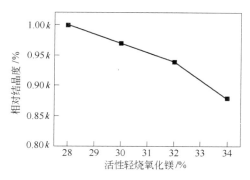

图 6 - 9　活性轻烧氧化镁加入量对试样相对结晶度的影响

6.1.3　菱镁矿风化石与工业铝灰合成镁铝尖晶石材料的研究

工业铝灰是电解铝工业中的除尘灰及电解槽下的飞溅物质，成分较为复杂，含有大量的 Al_2O_3、AlN、金属铝和氟化物。20 世纪 50 年代国内就已有将其应用于炼钢脱氧、造渣的报道，但当时由于化验装备落后，不能正确评价其脱氧原理和脱氧效果。90 年代后日本向中国出口一种名为 AD 粉的物质，用于脱氧造渣，反应速度快，效果较好。经研究发现其类似于国内铝灰，但某些指标尚有差别，据相关报道，日本、韩国将工业铝灰做了相关的去除氮元素和活化处理后制备 AD 粉，效果更好。由于工业铝灰中富含 Al_2O_3、Al、氟化物，符合现在 LF 炉造渣要求，因此逐步在精炼等工艺得到应用。但由于其成分复杂，使用前需进行脱氮活化处理等工艺，也给其进一步推广带来不利[133]。试验选择工业铝灰与菱镁矿风化石合成制备镁铝尖晶石材料。由于工业铝灰属于细粉状结构，质地不均匀，因此试验预先对工业铝灰进行煅烧，分析工业铝灰组成结构与煅烧温度关系，并进一步进行了合成镁铝尖晶石材料的研究。

试验原料包括菱镁矿风化石和工业铝灰，原料化学组成如表 6 - 5 所示。

表 6 - 5　试验原料所含各化学成分质量分数　　　　（%）

成　　分	SiO_2	Al_2O_3	MgO	CaO	Fe_2O_3	Al	灼减
菱镁矿风化石	3.92	0.52	42.82	3.32	1.12	—	46.89
工业铝灰①	6.22	65.23	—	3.95	1.93	12.23	—
烧后工业铝灰	6.14	87.67	—	3.26	1.84	—	—

① 工业铝灰中除氧化物和金属铝之外，存在部分氟化物。

试验基础配方为菱镁矿风化石 40.0%、工业氧化铝 60.0%，配方编号 No.1。通过调整两者比例关系来制备镁铝尖晶石材料，具体试验配方如表 6 - 6 所示。

表 6 - 6　试验配方含量　　　　（%）

原料	菱镁矿风化石	工业铝灰	原料	菱镁矿风化石	工业铝灰
No. 1	40.0	60.0	No. 3	60.0	40.0
No. 2	50.0	50.0	No. 4	70.0	30.0

试验首先选择将线样在 1300℃、1400℃和 1500℃保温 2h，对工业铝灰进行煅烧试验，试样编号为 D1、D2 和 D3。然后按表 6-6 所示，将四组配方物料采用湿磨工艺湿磨 3h，湿磨后物料于 110℃干燥 12h。干燥后试样用 5% 的聚乙烯醇溶液（质量分数为 5%）作为结合剂，半干法成型，成型压力 100MPa。成型后试样 110℃干燥 2h，于 1300℃、1350℃、1400℃、1450℃和 1500℃保温 2h 进行烧成。

用 Y-2000 型 X 射线粉末衍射（X-ray diffraction，RXD）仪（Cu 靶 K_{a1} 辐射，电流为 40mA，电压为 40kV，扫描速度为 4°/min）分析试样的矿物组成。采用 X′ Pert Plus 软件对 X 射线衍射图进行拟合，标定 1300℃烧后的 No.1 镁铝尖晶石试样的结晶度为 k%，计算 No.2 ～ No.4 试样在 1300℃、1350℃、1400℃、1450℃和 1500℃烧后的相对结晶度。用日本电子 JSM6480LV 型 SEM 扫描电镜分析试样微观结构及形貌。

图 6-10 为 1300℃（D1）、1400℃（D2）和 1500℃（D3）煅烧后工业铝灰 XRD 图谱。图中可以看出，试样中主晶相为刚玉相。随着煅烧温度增加，试样中物相组成变化不大，说明煅烧温度大于 1300℃，工业铝灰中金属铝已经完全转化成刚玉相。

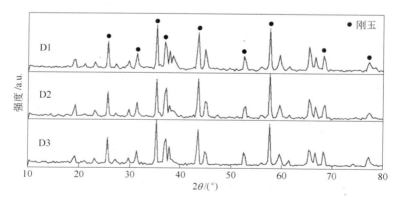

图 6-10 不同温度煅烧后工业铝灰的 XRD 图谱

图 6-11 为煅烧后工业铝灰的微观结构图，图中 D1（a）、D1

（b）、D2（a）、D2（b）、D3（a）、D3（b）分别为试样经 1300℃、1400℃、1500℃烧后 2000 倍和 5000 倍显微结构图。从图中可以看出，随着煅烧温度增加，试样的致密度逐渐增加。同时晶粒也有逐渐长大的趋势，从 D2 图中可以看出，晶粒中出现有晶粒异常长大的现象，当温度继续增加时，煅烧温度达到 1500℃，试样中晶粒大小变得均匀，但晶粒间的玻璃相增多，晶粒表面变得浑圆。

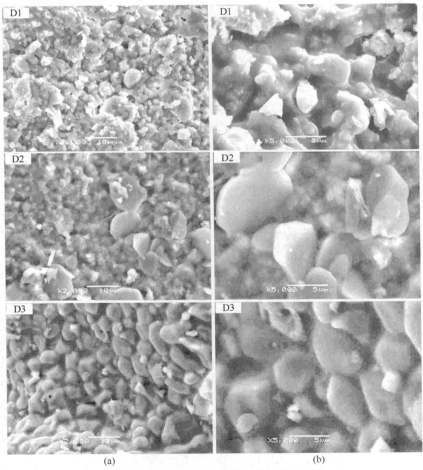

(a)   (b)

图 6 – 11   不同温度煅烧后试样的 SEM 图

(a) 放大 2000 倍；(b) 放大 5000 倍

6.1.3.1 菱镁矿风化石加入量和煅烧温度对合成镁铝尖晶石材料相组成的影响

图 6-12 为 No.1~No.4 配方试样在 1300℃、1350℃、1400℃、1450℃、1500℃保温 2h 烧后的 XRD 图谱。图中 No.1 配方试样经不同温度烧后的 XRD 图表明试样的主要矿相为镁铝尖晶石相，次晶相为方镁石和镁橄榄石相。随着该配方试样烧成温度的增加，镁铝尖晶石衍射峰强度增加，衍射峰特征更加尖锐、更加明显。而方镁石衍射强度逐渐降低。说明烧成温度的提高促进了菱镁矿风化石形成的活性氧化镁与工业铝灰中的氧化铝形成镁铝尖晶石相，铝灰中的金属铝随着烧成温度的增加，逐渐被氧化成氧化铝，形成的氧化铝具有较高活性，对于提高镁铝尖晶石的合成率有利。

从 No.2 配方各试样 XRD 图谱也可以看出镁铝尖晶石相的衍射峰强度也是随着烧成温度的增加而逐渐变强的，当温度在 1300℃时，得到的试样衍射图中方镁石的衍射峰强度高于镁铝尖晶石相的衍射峰强度，菱镁矿风化石在低温煅烧过程中形成的氧化镁没有充分与氧化铝形成镁铝尖晶石相。但随着煅烧温度的增加，氧化镁与氧化铝晶体结构中的离子扩散速度加快，消耗了氧化镁。因此从图中 No.2 配方试样的 XRD 矿相分析看，方镁石相的衍射峰强度逐渐降低。No.3 配方各试样 XRD 图和 No.4 配方各试样 XRD 图均表现出相似的变化趋势。不同的是，从 No.1 到 No.4 配方中菱镁矿风化石的量是逐渐增加的，因此试样在低温烧成时形成方镁石相衍射峰的可能性逐渐增强，这种现象可以从图中 No.1~No.4 配方试样在 1300℃烧成的 XRD 图中得以体现。但各配方试样的 XRD 图均表现出随烧成温度增加，镁铝尖晶石相衍射峰强度增强，而方镁石相衍射峰强度降低的现象。尤其在 No.4 配方试样中可以看出当烧成温度达到 1500℃时，镁铝尖晶石的衍射峰强度与方镁石的衍射峰主峰强度基本达到一致。

6.1.3.2 菱镁矿风化石加入量和煅烧温度对合成镁铝尖晶石材料微观结构的影响

图 6-13 为菱镁矿风化石与工业铝灰按 No.1 配方在不同温度下

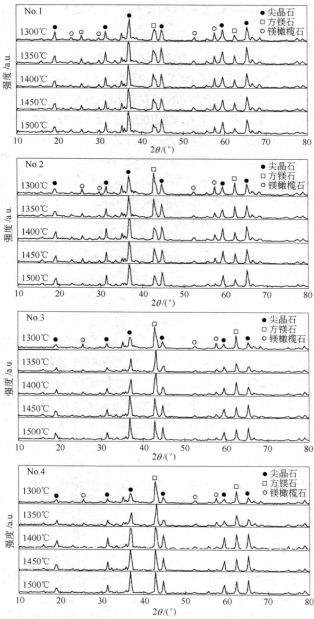

图 6 – 12 不同温度烧成后 No. 1 ~ No. 4 配方试样 XRD 图谱

（1300℃、1350℃、1400℃和1450℃）煅烧后的 SEM 图。图中可以看出试样的微观组织结构逐渐致密，1300℃烧后试样结构中形成了较大的孔隙。分析原因应该是菱镁矿风化石分解形成氧化镁和二氧化碳而留下的孔隙，试样结构依然保持菱镁矿母盐结构，当烧成温度达到1400℃时，这种结构上的孔隙已经减少，结构中八面体晶型结构的镁铝尖晶石相增加。当烧成温度达到1450℃时，结构中结晶相的晶粒长大明显。

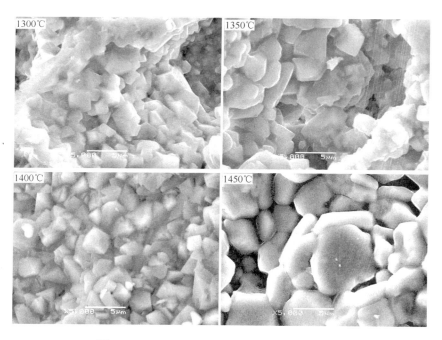

图 6 - 13　No. 1 试样在不同温度煅烧后 SEM 图

图 6 - 14 为 1500℃烧成 No. 1 ~ No. 4 配方试样的 SEM 图。图中可以看出，结构组成基本已经较为致密了，菱镁矿母盐结构受到离子交换作用影响，形成了镁铝尖晶石的特征形貌。图中 No. 3 和 No. 4 配方在 1500℃烧后试样结构中明显有微小裂纹，尤其 No. 4 配方试样，结构上沿晶粒晶界位置形成的裂纹较大。分析认为随着菱镁矿风化石引入量的增加，结构中形成了镁铝尖晶石 - 方镁石的复

相结构，但是镁铝尖晶石与方镁石的热膨胀系数不同，在不同晶粒上方镁石浓度不同，因此造成由于热膨胀率不同而出现的晶界裂纹现象[134]。

图 6 – 14　在 1500℃煅烧后 No. 1 ~ No. 4 试样的 SEM 图

图 6 – 15 为 No. 1 配方于不同温度下煅烧后试样的相对结晶度变化趋势图。图中可以看出，经过 1400℃烧后试样的相对结晶度最高，是经 1300℃烧后试样相对结晶度的 1.1707 倍。当煅烧温度高于 1400℃时，经 1450℃和 1500℃煅烧后试样的相对结晶度呈现下降趋势，试样的相对结晶度分别为 1300℃烧后试样的 1.0128 倍和 0.9829 倍。分析认为煅烧温度增加虽然加速了离子交换的速度，但是也导致了新生成相镁铝尖晶石与材料中的杂质相反应生成低熔点相。出现的高温液相为部分镁铝尖晶石相的异常长大提供了条件，但也导致了镁铝尖晶石试样中的结晶相含量降低。

图 6 – 16 所示为 1500℃烧后 No. 1 ~ No. 4 配方试样相对于

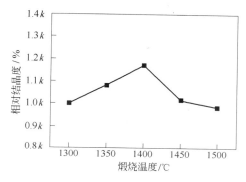

图 6-15 温度对镁铝尖晶石试样相对结晶度的影响

1300℃烧后 No.1 配方试样的相对结晶度变化趋势图。图中可以看出，菱镁矿风化石与工业铝灰以 6:4 比例合成的镁铝尖晶石配方试样的相对结晶度最高。结合图 6-14 中 No.3 试样微观结构，No.3 试样中结晶相晶粒发育完整，玻璃相形成量少，反映了高温固相反应过程中更容易形成镁铝尖晶石相。

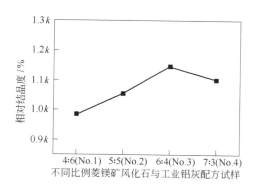

图 6-16 No.1~No.4 配方试样相对结晶度

试验进行了菱镁矿风化石与冶金等行业废弃材料合成镁铝尖晶石材料的研究，其中包括铁合金厂铝钛渣、铝型材厂碱蚀渣及电解铝厂工业铝灰与菱镁矿风化石合成镁铝尖晶石的研究。通过对合成镁铝尖晶石材料物相组成、微观结构及相对结晶度的计算，发现利用菱镁矿风化石与铝钛渣合成镁铝尖晶石，随着菱镁矿风化石引入量的增加，材料中形成了镁铝尖晶石和方镁石的复相结构，当菱镁矿风化石加入量为 40% 时，材料的相对结晶度最高，试样中结晶相尺寸最大，达到 5 ~ 8μm。利用菱镁矿风化石与铝型材厂碱蚀渣合成镁铝尖晶石，随着菱镁矿风化石（轻烧活性氧化镁）引入量增加，试样相对结晶度降低，镁铝尖晶石的晶粒尺寸变小。利用菱镁矿风化石与工业铝灰合成镁铝尖晶石，随着煅烧温度升高，镁铝尖晶石配方试样相对结晶度呈现先增大后减小趋势，经过 1400℃ 煅烧后的镁铝尖晶石试样在各个温度下煅烧后试样中相对结晶度最高，镁铝尖晶石晶粒更为均匀，菱镁矿风化石与工业铝灰以 6:4 比例合成的镁铝尖晶石配方试样的相对结晶度最高，试样结构中结晶相晶粒发育完整，玻璃相形成量少，杂质对高温固相反应合成镁铝尖晶石影响最小。

6.2　用后镁碳砖与含氧化铝废弃材料合成镁铝尖晶石

　　镁铝尖晶石具有熔点高，线膨胀系数低，导热性好，抗渣侵蚀能力强等一系列优点，被广泛应用于钢铁、水泥、玻璃以及陶瓷等各个领域。工业上所用的镁铝尖晶石全是人工合成的，然而镁铝尖晶石的性质与其纯度密切相关，纯度越高，产品的性能越好，因此如何以较低的成本生产出高纯度的镁铝尖晶石产品就成为众多学者研究的课题。目前正在研究的溶胶 – 凝胶法、气相烧结法、沉积法、共沉淀法、水热晶化法、喷雾热解等方法大多处于实验室研究阶段，离工业化生产还有一定距离。作为耐火材料用的镁铝尖晶石常规合成方法是采用工业氧化铝、矾土熟料或氢氧化铝为原料提供氧化铝，采用菱镁矿、轻质氧化镁、氢氧化镁为原料提供氧化镁。也有人用耐火黏土和水镁石为原料，通过电熔法或烧结法合成。在合成镁铝尖晶石时，由于反应伴有较大的体积膨胀，且镁铝尖晶石的聚集再结晶能力很弱，因此很难烧结致密，其合成温度一般都在 1650℃以上。

6.2.1　用后镁碳砖与用后滑板合成镁铝尖晶石材料的研究

　　一般钢厂钢包及中间包所用的滑板多为铝碳质或铝锆碳质，其主要成分为氧化铝、二氧化锆和碳，而钢包一般采用镁碳砖砌筑，其中包括镁砂品位较高的渣线镁碳砖和相对镁砂品位较低，用在钢包壁、钢包底的一般镁碳砖，其主要成分为氧化镁和碳。用上述的用后铝碳滑板和铝锆碳滑板代替天然的矾土原料及工业氧化铝，以用后的钢包镁碳砖代替天然菱镁矿及轻烧氧化镁来合成镁铝尖晶石，同时利用以上原料的残碳所发出的热量促进镁铝尖晶石的合成，可降低能耗，保护环境，具有显著的经济、环保和社会价值。鉴于此，试验采用钢厂的用后钢包镁碳砖和含氧化铝的用后铝碳滑板、铝锆碳滑板为主要原料合成了镁铝尖晶石，针对原料的成分及存在形式，探讨其反应机理并对合成的镁铝尖晶石材料进行了表征，确定最佳的原料配比及工艺参数。

试验选用一种用后铝锆碳滑板作为 1 号原料，并选用两种用后钢包镁碳砖作为 2 号和 3 号原料，一种是用后钢包渣线镁碳砖，记为 2 号原料，另一种是普通用后钢包包底、包壁镁碳砖，记为 3 号原料，以上原料为国内某大型钢厂提供，原料化学成分如表 6 - 7 所示。

表 6 - 7　原料所含各化学成分质量分数　　（％）

原　料	C	MgO	Al_2O_3	SiO_2	CaO	ZrO_2	Fe_2O_3
用后铝锆碳滑板（<200 目（0.074mm））	7.72	1.89	63.61	23.25	0.70	1.42	0.66
用后钢包镁碳砖（渣线）	13.20	78.45	1.21	0.89	1.3	—	1.63
用后钢包镁碳砖（其他）	10.78	79.67	1.35	1.23	2.15	—	1.64

试验选用的各原料首先经过颚式破碎机粗破、细破，破粉碎后物料经 0.2mm 筛子筛分，筛下料按照试验配方进行配料。各混合料共磨至粒度小于 0.074mm，将物料置于镁质匣钵中，分别在 1300℃、1400℃、1500℃下烧结并保温 2h，自然冷却后得到各样品。试验工艺图如图 6 - 17 所示。

表 6 - 8 所示为试验配方，试验配方是根据镁铝尖晶石的理论组成及原料的化学指标进行设计的，其中 A1、A2、A3 试样以 1 号和 2

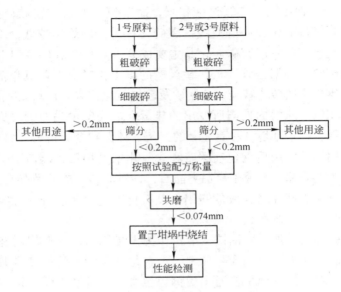

图 6 - 17 试验工艺图

号为原料制备镁铝尖晶石材料，B1、B2、B3 以 1 号和 3 号为原料制备镁铝尖晶石材料。由于 1 号原料与 2 号原料选用的镁砂种类及含碳量不同，2 号原料含碳量较大，镁砂品位较高，杂质含量较少，因此配料过程中 2 号原料用量比 3 号原料用量大，加入量为 26.5%，3 号原料加入量为 25%。

表 6 - 8   试验配方

配方试样	1 号原料用量	2 号原料用量	3 号原料用量	煅烧温度制度
A1	73.5%	26.5%		1300℃烧结并保温 2h
A2	73.5%	26.5%		1400℃烧结并保温 2h
A3	73.5%	26.5%		1500℃烧结并保温 2h
B1	75%		25%	1300℃烧结并保温 2h
B2	75%		25%	1400℃烧结并保温 2h
B3	75%		25%	1500℃烧结并保温 2h

用 X 射线衍射（X – ray diffraction，RXD）仪（Cu 靶 K_{a1} 辐射，

电流为 40mA，电压为 40kV，扫描速度为 4°/min）分析试样的矿物相。用日本电子 JSM6480LV 型 SEM 扫描电镜分析试样微观结构及组织形貌。利用化学法对试样的化学组成进行分析研究。

6.2.1.1 煅烧温度对合成镁铝尖晶石材料相组成的影响

图 6 - 18、图 6 - 19 分别为 A 系列和 B 系合成镁铝尖晶石材料的 XRD 图谱。如图 6 - 18、图 6 - 19 的 XRD 图谱所示，采用 1 号原料和 2 号原料合成的 A 系列尖晶石试样在 1300℃均出现了镁铝尖晶石，同时存在有刚玉相和方镁石相，在 1400℃是刚玉相和方镁石相数量降低，到 1500℃时，刚玉和方镁石相基本已经消失。采用 1 号原料与 3 号原料合成的 B 系列尖晶石试样也在 1300℃出现镁铝尖晶石、刚玉、方镁石共存的现象，随着温度的增加，试样中的镁铝尖晶石数量增加，方镁石和刚玉相降低。

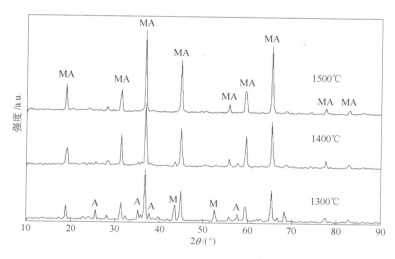

图 6 - 18 A1、A2、A3 试样的 XRD 图谱

6.2.1.2 煅烧温度对合成镁铝尖晶石材料显微结构的影响

图 6 - 20 所示为不同温度烧后的 A 系列和 B 系列尖晶石试样的 SEM 微观图，从煅烧不同温度的 SEM 显微结果可以看出，A 系列尖

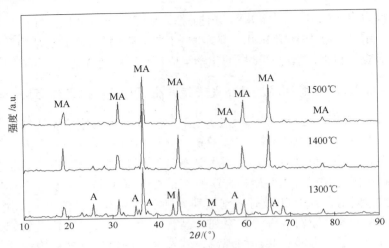

图 6 – 19 B1、B2、B3 试样的 XRD 图谱

晶石试样，1300℃出现了镁铝尖晶石的"晶芽"，晶粒较小，随着煅烧温度的增加，镁铝尖晶石的晶粒不断长大，当温度在1500℃时，镁铝尖晶石晶粒完全长大，晶粒尺寸达到10μm，晶界及晶粒表面出现了弥散的硅酸盐相。B系列尖晶石试样与A系列尖晶石试样在微观结构上看没有明显不同，但温度在1500℃烧后试样的显微结构图可以看出，试样中的硅酸盐相明显多于A系列试样结构中的硅酸盐相，A试样的镁铝尖晶石晶粒尺寸大于B试样的镁铝尖晶石晶粒尺寸。

表 6 – 9 所示为经过1500℃烧后A系列、B系列试样的化学分析结果。结果证明B系列合成镁铝尖晶石试样中杂质含量大于A系列试样中杂质含量。其中主要杂质为SiO₂，其引入主要是由于滑板中的SiO₂含量较高，杂质的存在有利于液相烧结，同时也会降低镁铝尖晶石材料的高温性能。

表 6 – 9　试样的化学组成　　　　（％）

试　　样	MgO	Al₂O₃	SiO₂	CaO	TiO₂	Fe₂O₃	ZrO₂
1500℃烧后 A3 试样	24.18	59.59	10.47	1.49	0.22	1.65	0.67
1500℃烧后 B3 试样	23.27	58.82	12.07	1.61	0.24	2.02	0.75

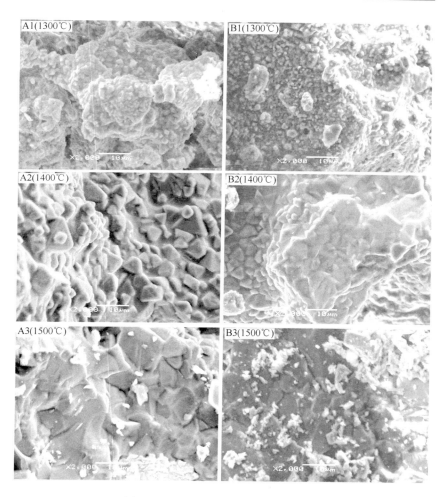

图 6-20 A 和 B 系列试样的 SEM 图

分析认为，以用后铝锆碳滑板与用后钢包渣线镁碳砖或普通钢包镁碳砖为原料，通过固相反应烧结方法，可以合成出镁铝尖晶石材料。在 1300℃ 时两种试样均产生了镁铝尖晶石"晶芽"，1400℃ 时镁铝尖晶石颗粒长大，两种试样中都不同程度残留有少量的刚玉相和方镁石相，1500℃ 时尖晶石完全长大，尖晶石颗粒间晶界清晰可见。主晶相镁铝尖晶石晶界组织结构中弥散硅酸盐相，其中 A 试样的硅酸盐相少于 B 试样硅酸盐相，A 试样的镁铝尖晶石晶粒尺寸大于 B 试样的镁铝尖晶石晶粒尺寸。

6.2.2 用后镁碳砖与用后滑板合成镁铝尖晶石–方镁石复相材料的研究

采用用后镁碳砖和用后滑板合成镁铝尖晶石–方镁石复相材料是在上节合成镁铝尖晶石材料的基础上进行的，用后镁碳砖采用来源相对较广的钢包包底和包壁用后镁碳砖（即 3 号原料）。试验原料及化学指标同表 6 – 7 所示。试验采用固相反应烧结法将用后镁碳砖与用后滑板合成附加值相对较高的高温复相材料，并利用用后含碳耐火材料中碳氧化产生的热量促进固相反应的进行。

表 6 – 10 为合成镁铝尖晶石–方镁石复相材料的原料配方。试样制作按表 6 – 10 进行称量，试样于制样机中混合震动 3min，粒度小于 0.074mm，用 5% 的水和 3% 的 CMC 作为结合剂，半干法成型为 $\phi 20mm \times 20mm$ 圆柱试样，成型压力 64MPa。110℃保温 6h 干燥后，试样分别于 1300℃、1400℃、1500℃保温 2h 进行烧成。

表 6 – 10 试样的组成与配方

$n(MgO)/n(Al_2O_3)$	m(用后镁碳砖) /m(用后滑板)	用后镁碳砖的 质量分数/%	用后滑板的 质量分数/%
1	0.33	25	75
2	0.72	42	58
3	1.08	52	48
4	1.50	60	40

烧后试样按 GB/T 2997—2000 标准测量体积密度和显气孔率。用 X 射线衍射仪（Cu 靶 K_{a1} 辐射，电流为 40mA，电压为 40kV，扫描速度 4°/min）对烧后试样的晶物组成进行分析。通过 X 射线衍射图谱中提供的数据，用 X′ Pert Plus 软件对 X 射线衍射图谱进行全谱拟合，对部分试样结晶度进行计算对比。用日本电子 JSM6480LV 型 SEM 扫描电镜分析试样微观结构及组织形貌。

6.2.2.1　用后镁碳砖加入量对合成镁铝尖晶石 – 方镁石复相材料致密度的影响

图 6 – 21 和图 6 – 22 分别为用后镁碳砖加入量和煅烧温度对合成镁铝尖晶石 – 方镁石复相材料体积密度和显气孔率的影响图。从图中的变化趋势可以看出，随着用后镁碳砖加入量增加，试样的显气孔率增大、体积密度下降，煅烧温度增加有利于试样烧结性及致密度的提高，相同配方的试样随着烧结温度增加体积密度增大，显气孔率减小。

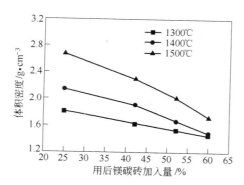

图 6 – 21　用后镁碳砖加入量和煅烧温度对合成镁铝尖晶石 – 方镁石
复相材料体积密度的影响

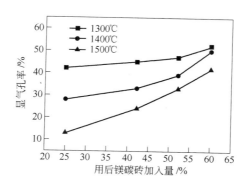

图 6 – 22　用后镁碳砖加入量和煅烧温度对合成镁铝尖晶石 – 方镁石
复相材料显气孔率的影响

6.2.2.2 用后镁碳砖加入量对合成镁铝尖晶石-方镁石复相材料相组成的影响

图 6-23 为合成镁铝尖晶石-方镁石复相材料的 XRD 图谱。图中 $n(MgO)/n(Al_2O_3)=1$，配方试样于 1300℃、1400℃、1500℃烧后 X 射线衍射图分别记为 1 号、2 号、3 号试样。图 6-24 所示为 $n(MgO)/n(Al_2O_3)=3$ 配方试样于 1300℃、1400℃、1500℃烧后 XRD 图谱，分别记为 4 号、5 号、6 号试样。

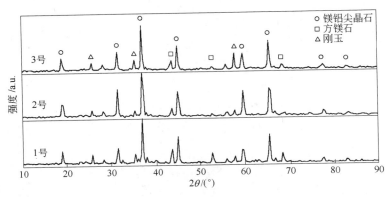

图 6-23 镁铝尖晶石-方镁石复相材料（$n(MgO)/n(Al_2O_3)=1$）的 XRD 图谱

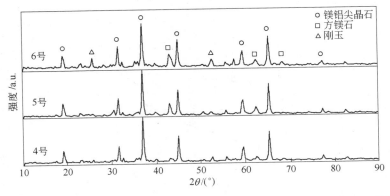

图 6-24 镁铝尖晶石-方镁石复相材料（$n(MgO)/n(Al_2O_3)=3$）的 XRD 图谱

从图 6-23 和图 6-24 各矿物相衍射峰强度变化趋势分析，各试样晶相组成为镁铝尖晶石、方镁石与刚玉，其中镁铝尖晶石为主晶相。对于 $n(MgO)/n(Al_2O_3)=1$ 配方的 1~3 号试样随着煅烧温度增加，结晶相镁铝尖晶石含量逐渐增多，刚玉与方镁石含量减少，当温度达到 1500℃ 时，结晶相镁铝尖晶石相衍射峰强度达到最大。对于 $n(MgO)/n(Al_2O_3)=3$ 配方的 4~6 号试样同样随煅烧温度增加，镁铝尖晶石衍射峰强度逐渐增强。当煅烧温度达到 1500℃，方镁石与镁铝尖晶石相衍射峰强度显著。

6.2.2.3 用后镁碳砖加入量对合成镁铝尖晶石-方镁石复相材料微观结构的影响

图 6-25 为 1 号、3 号、4 号、6 号合成镁铝尖晶石-方镁石复相材料的 SEM 微观照片。从图可以看出 1 号试样中镁铝尖晶石已经在 1300℃ 形成晶核，镁铝尖晶石晶粒尺寸 1~3μm，晶粒在玻璃相中生长发育。1500℃ 烧后的 3 号试样中的镁铝尖晶石基本长大，镁铝

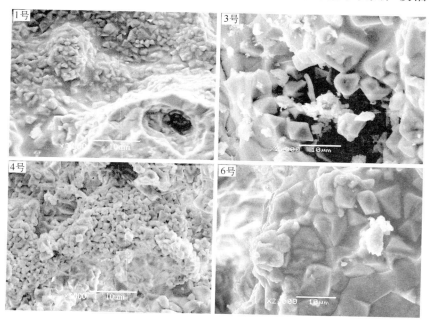

图 6-25 1 号、3 号、4 号、6 号合成方镁石-镁铝尖晶石复相材料的 SEM 照片

尖晶石晶粒尺寸 5 ~ 8μm，镁铝尖晶石晶粒经由玻璃相黏结。
$n(\text{MgO})/n(\text{Al}_2\text{O}_3)$ = 3 的 4 号试样在 1300℃形成镁铝方镁石和尖晶
石共存的晶粒形貌。1500℃烧后的 6 号试样中方镁石、镁铝尖晶石
晶粒均长大，出现方镁石 – 镁铝尖晶石复相结构，方镁石晶粒与镁
铝尖晶石晶粒存在共烧结现象，方镁石、尖晶石晶间出现的玻璃相
起到黏结及促进晶体间结合的作用。高温液相主要成分为二氧化硅、
碱金属及碱土金属氧化物，高温液相在低温状态所形成的玻璃相没
有出现析晶情况，因此在 XRD 图谱中没有出现硅酸盐相成分。用 X′
Pert Plus 软件对 $n(\text{MgO})/n(\text{Al}_2\text{O}_3)$ = 1 的 1 ~ 3 号试样的结晶度进
行分析研究和横向对比，将 1 号试样结晶度标定为 $k\%$，经计算 2
号、3 号试样结晶度分别为 $0.97k\%$、$0.94k\%$。说明温度增加有利
于玻璃相的形成，形成的玻璃相促进尖晶石的形成和长大。如果将 4
号试样结晶度标定为 $m\%$，对 $n(\text{MgO})/n(\text{Al}_2\text{O}_3)$ = 3 的 4 ~ 6 号试
样的结晶度进行对比可以看出，经计算 5 号、6 号试样结晶度分别为
$1.02m\%$、$1.03m\%$，结晶度略有提高，煅烧温度的升高促进了方镁
石和镁铝尖晶石的发育，晶粒长大使玻璃相逐渐转移到晶间位置。
随着 $n(\text{MgO})/n(\text{Al}_2\text{O}_3)$ 增加，配方中引入用后镁碳砖量增加，系
统中 SiO$_2$ 含量在减少，试样中玻璃相量减少，影响试样的烧结性。
从图 6 – 21 和图 6 – 22 用后镁碳砖加入量与试样体积密度和显气孔
率的关系中也可以看出，随着用后镁碳砖加入量增加，试样的体积
密度降低，显气孔率增加。试样的烧结性能降低也证明了以上分析。

图 6 – 26 为配方组成点在 MgO – Al$_2$O$_3$ – SiO$_2$ 相图中的位置图。
系统配方组成点 $n(\text{MgO})/n(\text{Al}_2\text{O}_3)$ = 1 ~ 4 的四组配方在如图虚线
上 1、2、3、4 点所示的位置，通过化学分析结果发现随着用后镁碳
砖量增加，系统组成中 SiO$_2$ 含量减少。图上四个点为不考虑存在其
他杂质元素的情况下进行分析的。从图中可以看出 $n(\text{MgO})/$
$n(\text{Al}_2\text{O}_3)$ = 1 的 1 点配方组成点落在镁铝尖晶石初晶区，因此在系统
中优先形成镁铝尖晶石相，从图 6 – 25 中 1300℃烧后 1 号试样 SEM
微观照片可以看出，结构中出现八面体形镁铝尖晶石微小晶粒，晶
粒周围伴随大量的玻璃相，晶粒在玻璃相中发育。同时 1 点配方物
系组成点落在 MA – M$_4$A$_2$S$_5$ – M$_2$A$_2$S$_5$ 的分三角形内部，物系析晶结

束点为图中标记理论温度1453℃的点，说明系统出现液相的最低温度是1453℃。$n(MgO)/n(Al_2O_3)=2$的2点同样落在镁铝尖晶石的初晶区，系统首先形成镁铝尖晶石相，但2点落在MA–M$_2$S–M三角形内部，系统析晶结束点为图中标记理论温度为1710℃的无变量点。$n(MgO)/n(Al_2O_3)=3$、4的3点和4点落在方镁石初晶区，因此系统中首先形成的是方镁石相，从图6–25的1300℃烧后4号试样SEM微观照片可以看出结构中出现最多的结构为方镁石的立方结构。随着煅烧温度的增加，方镁石析晶粒长大，系统中逐渐析出镁铝尖晶石。从图6–25的煅烧温度为1500℃的6号试样微观结构上分析，系统中出现了晶粒长大的方镁石相与八面体形的镁铝尖晶石相。从相图上看，系统首先析出方镁石，随着系统中方镁石的析出，液相组成点到达方镁石与镁铝尖晶石初晶区交界位置，系统中出现方镁石与镁铝尖晶石共析晶现象。当液相组成点达到方镁石、镁铝尖晶石与镁橄榄石初晶区交界点时，系统发生共析晶过程。如考虑杂质CaO、Fe$_2$O$_3$、ZrO$_2$对三元体系的影响，杂质的存在将会降低系统出现液相温度，系统因此可以在较低温度发生固相烧结反应。

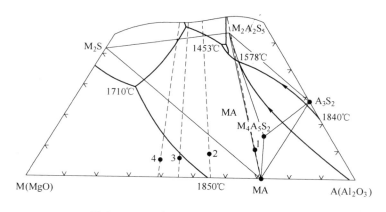

图6–26　配方组成点在相图中的位置图

用后含碳耐火材料中的石墨在高温状态下与氧气反应产生的热量同样促进试样内部温度的增加，试样内部出现的局部高温促进了液相的形成及镁铝尖晶石的长大。同时碳的氧化形成的气孔有利于镁铝尖晶石形成过程中约7%的体积膨胀。大量的气孔使形成的方镁石–镁铝尖晶石的复相结构的体积密度较小，从图6-21和图6-22可以看出试样的体积密度较理论结构密度要小得多。从图6-25中合成镁铝尖晶石–方镁石复相材料的微观结构上分析，以 SiO_2 为主成分的液相由于具有较高的黏度，在相界位置形成结晶程度很差的玻璃相。方镁石与镁铝尖晶石充分长大使系统中的液相集中在相界位置，对主、次晶相起到了黏结作用。以上分析认为，以用后镁碳砖与用后滑板为原料，通过固相反应烧结法可以合成方镁石–镁铝尖晶石复相材料，随着用后镁碳砖引入量增加，试样体积密度减小，显气孔率增大。煅烧温度的增加促进试样致密度的增加。随着 $n(MgO)/n(Al_2O_3)$ 增加，结构组成中方镁石的量增加。

6.2.3 用后镁碳砖与用后滑板合成镁铝尖晶石–刚玉复相材料的研究

参考上节研究方法，通过调整用后镁碳砖和用后滑板的引入量，合成制备镁铝尖晶石–刚玉复相材料，用后镁碳砖依然采用来源相对较广的钢包包底和包壁用后镁碳砖（即3号原料）。试验原料及化学指标同表6-7，同样间接利用用后含碳耐火材料中碳的氧化产生热量。

表6-11为合成镁铝尖晶石–刚玉复相材料的原料配方。试样制作按表6-11进行称量，试样于制样机中混合震动3min，粒度小于0.074mm，用5%的水和3%的CMC作为结合剂，半干法成型为 $\phi 20mm \times 20mm$ 圆柱试样，成型压力64MPa。110℃保温6h干燥后，试样分别于1300℃、1400℃、1500℃保温2h进行烧成。

表6-11 试样的组成与配方

$n(Al_2O_3)/n(MgO)$	m(用后滑板) $/m$(用后镁碳砖)	用后滑板的质量分数/%	用后镁碳砖的质量分数/%
1	3.0	75	25
2	5.7	85	15
3	8.1	89	11
4	11.5	92	8

烧后试样按 GB/T 2997—2000 标准测量体积密度和显气孔率。用 X 射线衍射仪（Cu 靶 K_{a1} 辐射，电流为 40mA，电压为 40kV，扫描速度 4°/min）对烧后试样的晶物组成进行分析。通过 X 射线衍射图谱中提供数据，用 X′ Pert Plus 软件对 X 射线衍射图谱进行全谱拟合，对部分试样结晶度进行计算对比。用日本电子 JSM6480LV 型 SEM 扫描电镜分析试样微观结构及组织形貌。

6.2.3.1 用后滑板加入量对合成镁铝尖晶石 - 刚玉复相材料致密度的影响

图 6 - 27 和图 6 - 28 所示为 4 组配方试样在 1300℃、1400℃、1500℃煅烧条件下，煅烧 2h 后试样的体积密度与显气孔率变化趋势图。从图看出随着用后滑板加入量增加，试样的体积密度增大、显气孔率下降，煅烧温度增加有利于试样烧结性提高，试样体积密度增大，显气孔率减小。试验结果说明提高煅烧温度有利于合成镁铝尖晶石 - 刚玉复相材料的固相反应烧结。

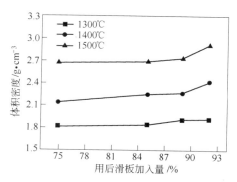

图 6 - 27 用后滑板加入量和煅烧温度对合成镁铝尖晶石 - 刚玉
复相材料体积密度的影响

6.2.3.2 用后滑板加入量对合成镁铝尖晶石 - 刚玉复相材料相组成的影响

图 6 - 29 为 $n(\text{Al}_2\text{O}_3)/n(\text{MgO}) = 3$ 配方试样于 1300℃、1400℃、1500℃烧后试样 XRD 图谱，分别记为 7 号、8 号、9 号试样。可以看出，各配方试样晶相组成为镁铝尖晶石、刚玉与方镁石，

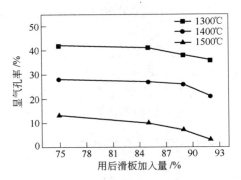

图 6 – 28 用后滑板加入量和煅烧温度对合成镁铝尖晶石 – 刚玉
复相材料显气孔率的影响

其中镁铝尖晶石为主晶相。随着煅烧温度的升高，7 号、8 号和 9 号
试样中主晶相镁铝尖晶石逐渐增多。

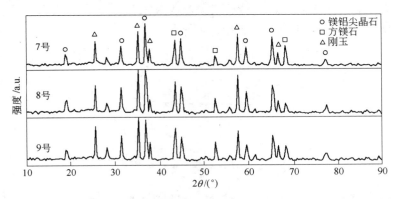

图 6 – 29 镁铝尖晶石 – 刚玉复相材料（$n(Al_2O_3)/n(MgO)=3$）的 XRD 图谱

6.2.3.3 用后滑板加入量对合成镁铝尖晶石 – 刚玉复相材料 微观结构的影响

图 6 – 30 为 7 号和 9 号试样 SEM 微观照片。从图中可以看出 7
号试样在 1300℃ 形成镁铝尖晶石、刚玉的雏形结构。1500℃ 烧后的
9 号试样中的镁铝尖晶石都不同程度长大，镁铝尖晶石晶粒经由玻璃
相黏结。7 号试样中出现八面体镁铝尖晶石，板状刚玉复相结构。各
试样中出现的玻璃相均起到不同程度的黏结及促进晶体发育的作用。

高温液相主要成分为二氧化硅、碱金属及碱土金属氧化物，高温液相在低温状态所形成的玻璃相没有出现析晶情况。试样中的玻璃相必定影响镁铝尖晶石－刚玉复相结构的性能，因此对 7~9 号试样的结晶度进行分析研究。用 X′ Pert Plus 软件将 $n(Al_2O_3)/n(MgO)=3$ 的 7 号试样结晶度标定为 $m\%$，经计算 8 号、9 号试样结晶度分别为 $0.96m\%$、$0.91m\%$，结晶度呈下降趋势，说明随着温度增加，玻璃相形成量更多。分析认为随着 $n(Al_2O_3)/n(MgO)$ 增加，试样中引入用后滑板量增加，用后滑板中 SiO_2 含量高，滑板中引入的 SiO_2 促进试样中玻璃相的形成，使试样的烧结性变好，促进了镁铝尖晶石－刚玉复相材料的烧结。

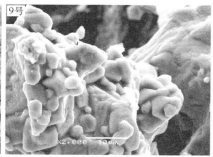

图 6-30　7 号、9 号试样 SEM 微观照片

　　图 6-31 为配方组成点在 $MgO-Al_2O_3-SiO_2$ 相图中的位置图。系统组成的 $n(Al_2O_3)/n(MgO)=1~4$ 的四组配方如图上虚线位置，分析认为用后滑板量增加，系统组成中 SiO_2 含量增加，通过化学分析结果也同样证明 SiO_2 含量如图上所显示逐渐增加。图上 1~4 点为假设不考虑其他杂质的情况下，各配方的物料组成点位置。从图中可以看出 1 点配方组成点落在镁铝尖晶石初晶区，因此在系统中镁铝尖晶石首先析晶。$n(Al_2O_3)/n(MgO)=2$ 的 2 点与 1 点同样落在镁铝尖晶石的初晶区，系统首先析出镁铝尖晶石相，但 2 点落在 $MA-A_3S_2-A$ 三角形内部，物系析晶结束点为 X 点，X 点位置理论温度 1578℃。$n(Al_2O_3)/n(MgO)=3$、4 的 3 点和 4 点落在刚玉初晶区，因此系统中首先析出的是刚玉相，从图 6-30 的 1300℃烧后

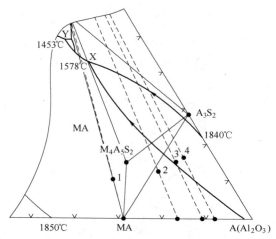

图 6 – 31　配方组成点在 MgO – Al₂O₃ – SiO₂ 相图中的位置图

7 号试样 SEM 微观照片可以看出结构中出现最多的结构为刚玉的板状结构。从图 6 – 30 的 9 号试样微观结构上看系统中出现了晶粒长大的刚玉相与八面体形的镁铝尖晶石相共存的现象。从相图上看，系统首先析出刚玉相，随着系统中刚玉相的析出，液相组成点到达镁铝尖晶石与刚玉初晶区交接位置，系统中出现刚玉与镁铝尖晶石共析晶现象。当液相组成点到达 X 点时，系统发生单转熔反应，刚玉相减少、镁铝尖晶石相增加。基于以上相图分析，考虑杂质如 CaO、Fe₂O₃、ZrO₂ 对三元体系的影响，杂质的出现将会降低系统出现液相时的温度，低温状态出现的液相促进了镁铝尖晶石、刚玉相的析晶及晶粒的长大。用后含碳耐火材料中的石墨在高温状态下与氧气反应产生的热量同样促进试样中内部温度的增加，试样内部出现的局部高温同样也促进了液相的形成及镁铝尖晶石的长大。同时碳氧化形成的气孔有利于镁铝尖晶石形成过程中体积膨胀。当镁铝尖晶石与刚玉充分长大后使系统中的液相集中在相界位置，从图 6 – 30 可以看出，在相界位置出现的液相对主、次晶相起到了黏结作用。当试样温度降低时，主要以 SiO₂ 为主成分的液相因为具有较大的黏度，因此来不及析晶，在相界位置形成结晶程度很差的玻璃相。而且随着 SiO₂ 成分增加，系统中玻璃相成分增加，系统结晶度也呈现较为明显的降低趋势。

通过以上分析,采用用后含碳耐火材料中用后镁碳砖与用后滑板通过烧结法可以合成镁铝尖晶石－刚玉复相材料,随着用后滑板引入量及煅烧温度增加,试样体积密度增加,显气孔率降低。随着煅烧温度增加,试样结晶度降低,结晶相中镁铝尖晶石相量增加。采用 $n(Al_2O_3)/n(MgO)=3$ 配方试样经煅烧后结构内部形成镁铝尖晶石－刚玉复相结构,相界位置由硅酸盐玻璃相黏结。

6.3 菱镁矿风化石与硅石合成镁橄榄石材料的研究

此部分研究工作,主要是基于第 3 章的分析和研究结果,第 3 章主要针对加入不同种类和数量添加剂对合成镁橄榄石相组成、晶格常数、晶胞体积、材料微观结构及相对结晶度的影响进行分析。结果发现随着镁橄榄石材料配料中添加剂的引入,结构中形成不同程度顽火辉石相,为减小顽火辉石相对高温相镁橄榄石的影响,本节试验通过调整活性轻烧氧化镁与天然硅石比例,调整镁橄榄石材料中物相组成,改善合成镁橄榄石材料中液相的影响。

试验原料同 3.3 节试验部分试验原料,包括菱镁矿风化石制备的活性轻烧氧化镁和天然硅石,原料化学组成同表 3－2。

试验配方在 0 号配方基础上制定,配方 26～30 号逐渐增加菱镁矿风化石轻烧氧化镁引入量至 58%、59%、60%、61% 和 62%,相应减少天然硅石的引入量。具体试验配方如表 6－12 所示。

表 6－12　试验配方中各成分质量分数　　　　（%）

原料	轻烧氧化镁	天然硅石	原料	轻烧氧化镁	天然硅石
0 号	57.0	43.0	28 号	60.0	40.0
26 号	58.0	42.0	29 号	61.0	39.0
27 号	59.0	41.0	30 号	62.0	38.0

如表 6－12 配方所示,将各配方物料在振动制样机中混练均匀,混练时间 3min;用 5% 的聚乙烯醇溶液（质量分数为 5%）作为结合剂,半干法成型,成型压力 64MPa;试样经 110℃ 保温 6h 干燥后 1500℃ 保温 2h 烧成。用 XRD 法分析试样的矿物相。用 X′ Pert Plus

软件分析镁橄榄石的晶格常数。计算不同菱镁矿风化石加入量的
26～30 号镁橄榄石试样的相对结晶度。用 SEM 法分析试样微观结构
及组织形貌。

　　图 6 – 32 为菱镁矿风化石轻烧氧化镁粉不同加入量的镁橄榄石
试样 XRD 图谱。从图中可以看出，以活性轻烧氧化镁和天然硅石为
原料制备的试样经过 1500℃保温 2h 煅烧成后可以清晰地看到镁橄榄
石相的特征峰出现。图中 26～30 号试样的方镁石特征峰的强度有所
增加，但增加幅度不大。分析认为氧化镁在镁橄榄石中的少量固溶
导致了这种现象的出现[135]。

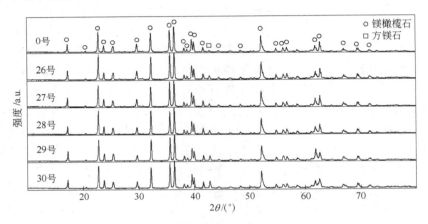

图 6 – 32　镁橄榄石材料的 XRD 图谱

　　利用 X′ Pert Plus 软件对 XRD 图谱进行拟合，分析氧化镁与二氧
化硅的不同比例对制备的镁橄榄石材料及试样中镁橄榄石相的晶格
常数和晶胞体积的影响。以菱镁矿风化石和天然硅石为原料制备的
镁橄榄石材料中主晶相镁橄榄石为正交晶体结构。图 6 – 33 为不同
活性轻烧氧化镁加入量的镁橄榄石晶格常数和晶胞体积变化趋势图。

　　图中变化规律可以看出，镁橄榄石晶格常数 b、c 及晶胞体积随
着菱镁矿风化石引入量的增加整体呈现增大趋势。其中 26 号试样
（活性轻烧氧化镁加入量为 58%）和 29 号试样（轻烧氧化镁加入量
为 61%）中镁橄榄石相晶格常数和晶胞体积有所降低以外，总的变
化趋势是增大的。随着菱镁矿风化石轻烧氧化镁粉引入量的增加，

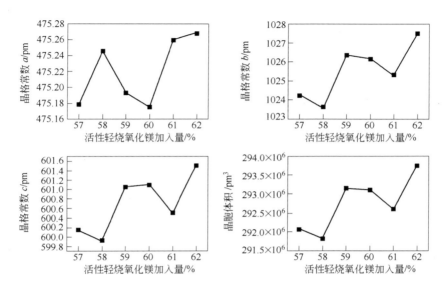

图 6-33 镁橄榄石晶格常数及晶胞体积与活性轻烧氧化镁加入量关系图

固相反应过程中氧化镁与二氧化硅形成镁橄榄石外还形成了方镁石相,而方镁石相对镁橄榄石的固溶作用导致了镁橄榄石相晶格常数和晶胞体积的增加。

图 6-34 为利用菱镁矿风化石与天然硅石制备镁橄榄石材料的微观结构。0 号试样为基础配方试样在 1500℃烧后的显微结构,从图中看出结构中镁橄榄石晶粒发育良好,晶粒菱角分明,晶粒尺寸为 5~15μm。26 号试样为添加 58% 菱镁矿风化石轻烧氧化镁的镁橄榄石试样,对比 0 号试样和 26 号试样的微观结构,试样微观结构变化不大。但从 27 号试样微观结构中可以明显发现,镁橄榄石晶粒尺寸明显变小,晶粒中出现了类似方块状晶体。结合 XRD 分析结果认为,此种方块状晶体为方镁石。随着菱镁矿风化石轻烧氧化镁引入量的增加,试样中形成了方镁石矿相,虽然方镁石矿物相对镁橄榄石有一定的固溶程度,但属于有限型固溶体。菱镁矿风化石轻烧氧化镁与二氧化硅发生固相反应结束后,随着温度的降低,方镁石在镁橄榄石中的固溶度降低,导致方镁石在镁橄榄石的结构中脱溶出来,因此在镁橄榄石晶体周围形成了方镁石晶粒。而且镁橄榄石与

方镁石的线膨胀系数不同，随着温度变化，两种矿相出现了间隙和裂缝。因此从微观结构上看，随着菱镁矿风化石轻烧氧化镁粉引入量的增加，结构中镁橄榄石晶粒的尺寸逐渐减小，结构也变得疏松。

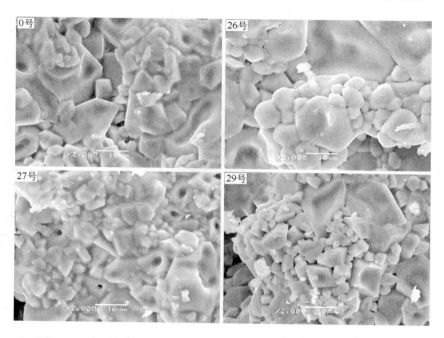

图 6 – 34   不同镁橄榄石试样（0 号、26 号、27 号和 29 号）微观结构

图 6 – 35 为活性轻烧氧化镁加入量对镁橄榄石材料相对结晶度影响趋势图。图中试样相对结晶度变化趋势可以看出，当活性轻烧氧化镁加入量为 60% 时，镁橄榄石材料相对结晶度最高，相当于 0 号配方试样的 1.0702 倍。分析认为通过改变活性轻烧氧化镁与天然硅石的配方比例，合成材料中的物相组成将更趋于合理，有利于改善镁橄榄石材料中液相组成和性质，促进合成镁橄榄石材料，提高合成镁橄榄石材料性能。

试验进行了不同比例活性轻烧氧化镁与天然硅石合成镁橄榄石材料的研究。通过对烧后合成镁橄榄石材料物相组成分析，结果发现随着活性轻烧氧化镁加入量增加，镁橄榄石材料中未出现顽火辉

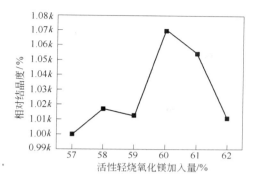

图 6 – 35　活性轻烧氧化镁加入量对镁橄榄石材料相对结晶度的影响

石相，同时方镁石相逐渐增多。通过对合成镁橄榄石晶格常数、晶胞体积及材料相对结晶度计算，结果发现随着活性轻烧氧化镁粉加入量的增加，镁橄榄石材料中镁橄榄石的晶格常数和晶胞体积整体上呈现增大趋势。当活性轻烧氧化镁加入量为 60% 时，合成镁橄榄石材料的相对结晶度最高。

6.4　菱镁矿风化石与其他原料合成堇青石材料的研究

试验原料包括菱镁矿风化石制备的活性轻烧氧化镁、叶蜡石粉和二氧化硅微粉，原料化学组成如表 6 – 13 所示。

表 6 – 13　试验原料所含各化学成分质量分数　　（%）

原　料	SiO_2	Al_2O_3	MgO	CaO	Fe_2O_3	灼减
轻烧氧化镁	5.65	1.23	84.64	4.25	1.30	2.42
叶蜡石	77.21	17.45	0.35	0.23	0.32	—
二氧化硅微粉	92.73	0.33	—	—	0.37	5.23

根据堇青石理论组成确定合成制备堇青石配方为菱镁矿风化石轻烧氧化镁 19% 、叶蜡石粉 77% 和二氧化硅微粉 4%。按以上试验配方，将各配方物料在球磨机中共磨 2h，共磨粉粒度小于0.074mm。共磨粉加水量小于 15%，物料采用振动成型的方式进行成型，成型尺寸为 160mm × 40mm × 40mm。成型后试验采取常温养

护 24h，110℃ 保温 12h 进行干燥，由于物料中加入二氧化硅微粉，物料处于常温凝胶结合状态，因此具有一定强度。干燥后试样在 1350℃、1400℃、1450℃、1500℃ 保温 2 h 烧成，配方试样编号相应为 No. 1 ~ No. 4。

用 Y–2000 粉末衍射（X–ray diffraction，RXD）仪（Cu 靶 K_{a1} 辐射，电流为 40mA，电压为 40kV，扫描速度为 4°/min）分析董青石试样的矿物相。采用 X′ Pert Plus 软件对 X 射线衍射图进行拟合，分析董青石的晶格常数的变化。并利用该软件标定 1350℃ 烧后的 No. 1 董青石试样的结晶度为 $k\%$，计算不同温度下烧后 No. 2 ~ No. 4 董青石试样的相对结晶度。用日本电子 JSM6480LV 型 SEM 扫描电镜分析试样微观结构及组织形貌。

图 6–36 所示为不同煅烧温度下的 No. 1 ~ No. 4 董青石试样的 XRD 图谱。矿物相组成中董青石相衍射峰强度随着温度由 1350℃ 升高到 1450℃ 而增加，当温度达到 1500℃ 时，董青石相衍射峰消失。试样中石英晶相成为试样中主要晶相。

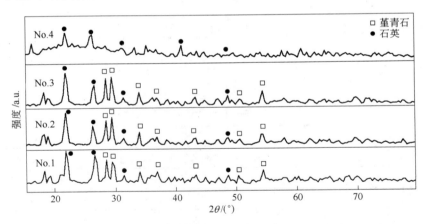

图 6–36　不同煅烧温度下董青石材料 XRD 图谱

图 6–37 为不同温度煅烧后 No. 1 ~ No. 4 试样显微结构图。从图中 1350℃ 烧后的 No. 1 试样可以看出，结构中董青石相和方石英相在液相中析出，董青石相与方石英相通过液相黏结在一起。1400℃ 烧后的 No. 2 试样，董青石相和方石英相明显长大，试样中结晶相增

加。1450℃烧后的 No.3 试样，液相将堇青石和方石英"吞没"，堇青石和方石英相晶粒尺寸减小。1500℃烧后的 No.4 试样，结构中方石英相析出，方石英晶粒呈短方柱型，在液相中分布较为均匀。因此对于采用菱镁矿风化石与叶蜡石为原料合成堇青石的最佳烧成温度为 1400℃。

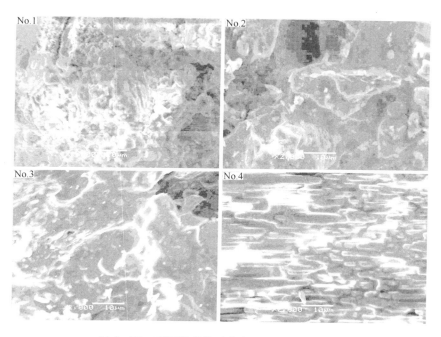

图 6-37　不同温度烧后堇青石试样 SEM 照片

利用如图 3-4 所示的热力学分析方法，形成堇青石的反应吉布斯自由能与温度关系可以看出，形成堇青石反应的 ΔG 值最小，并且随着温度增加，ΔG 值的下降趋势更为明显，因此分析认为试样中生成堇青石相可能性最大。XRD 图谱同样看出试样中堇青石作为主矿物相峰强随温度增加而增强。而温度达到 1500℃时，堇青石特征峰消失，说明堇青石相在 1500℃下溶于玻璃相中。No.4 试样衍射峰呈现面包峰特征，说明试样中结晶相少，玻璃相为试样的主要组成，试样中 SiO_2 含量较高，由于堇青石的分解，高温液相中 SiO_2 浓度增加，促进方石英析晶，形成特征明显的方石英相峰。

图 6 - 38 为烧成温度与堇青石试样相对结晶度关系图。从图中试样相对结晶度变化趋势可以看出，随着试样烧成温度从 1350℃ 增加到 1400℃，试样相对结晶度增大，在试验条件下，当温度在 1400℃ 时，试样的相对结晶度达到最大值。当温度继续增加，试样中堇青石相有分解现象出现，形成玻璃相，试样的相对结晶度下降，当温度达到 1500℃，堇青石相全部分解。分析认为堇青石晶粒是否长大受到温度等因素的影响，其中低温形成的堇青石晶相在高温状态下分解变小，提高了液相中 SiO_2 浓度。方石英相在高温状态同样发生溶解，但是由于堇青石相分解提高了液相中 SiO_2 含量，故促进方石英析出微小晶粒。堇青石试样在 1400℃ 烧后相对结晶度最高，分析认为该温度适合菱镁矿风化石轻烧氧化镁粉与叶蜡石反应制备堇青石材料[136]。

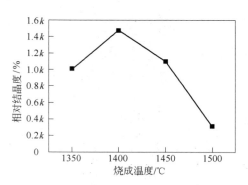

图 6 - 38 烧成温度对堇青石试样相对结晶度的影响

结合以上分析，试验利用相对结晶度计算方法对采用菱镁矿风化石与叶蜡石为原料合成堇青石的烧成温度进行推广研究，结果发现当温度由 1350℃ 升高到 1400℃ 时，试样的结晶度和堇青石相量逐渐增大。当烧成温度由 1450℃ 升高到 1500℃ 时，合成产物相对结晶度急剧减小，结构中堇青石相消失。通过对试样微观结构分析认为以菱镁矿风化石与叶蜡石为原料合成堇青石的最佳烧成温度为 1400℃。

参 考 文 献

[1] 徐海芳，王爱东，吴振刚. 连铸用耐火材料对洁净钢的影响及其发展 [J]. 连铸，2007，(2)：42~45.

[2] 站东平，姜国华，王文忠. 耐火材料对钢水洁净度的影响 [J]. 耐火材料，2003，37 (4)：230~232.

[3] 彭达岩，郭伏安. 钢铁工艺优化对耐火材料发展的影响 [J]. 耐火材料，2010，44 (4)：241~246.

[4] 单琪堰，张悦，杨合，等. 低品位菱镁矿煅烧的新工艺 [J]. 非金属矿，2011，34 (3)：15~18.

[5] 石建军，李银文，王鹏，等. 中国菱镁矿选矿现状分析 [J]. 轻金属，2011，47 (增刊)：51~53.

[6] 赵海鑫. 辽宁菱镁矿资源现状及发展意见 [J]. 耐火材料，2009，43 (4)：291~293.

[7] 吴万伯. 谈菱镁矿的综合开发与利用 [J]. 矿产保护与利用，1994，11 (1)：15~18.

[8] 马鸿文. 工业矿物与岩石 [M]. 北京：化学工业出版社，2005.

[9] 谢志鹏. 结构陶瓷 [M]. 北京：清华大学出版社，2011.

[10] 王辅亚，张惠芬，吴大清，等. 堇青石的结构状态与合成温度、热膨胀的关系 [J]. 中国陶瓷，1993，(2)：1~6.

[11] 阮玉忠，华金铭，吴万国，等. 工艺条件对堇青石窑具多晶结构与性能的影响 [J]. 福州大学学报，1997，25 (5)：97~101.

[12] 刘建，程继健. 堇青石结晶行为研究 [J]. 无机材料学报，1993，8 (4)：423~426.

[13] 王修慧，曹冬鸽，赵明彪，等. 固相反应法制备高纯镁铝尖晶石粉体 [J]. 大连交通大学学报，2008，29 (1)：105~108.

[14] Sarkar R，Chatterjee S，Mukherjee B，et al. Effect of alumina reactivity on the densification of reaction sintered nonstoichiometric spinels [J]. Ceramics International，2003，29 (4)：195~198.

[15] Tripathi H. Synthesis and densification of magnesium aluminate spinel：effect of MgO reactivity [J]. Ceramics International，2003，29 (8)：915~918.

[16] Mackenzie K J D，Temuujin J，TS. J，et al. Mechanochemical synthesis and sintering behaviour of magnesium aluminate spinel [J]. Journal of Materials Science，2000，35 (22)：5529~5535.

[17] Reverón H, Gutiérrez – Campos D, Rodríguez R M, et al. Chemical synthesis and thermal evolution of MgAl$_2$O$_4$ spinel precursor prepared from industrial gibbsite and magnesia powder [J]. Materials Letters, 2002, 56 (1 ~ 2): 97 ~ 101.

[18] Zhang Z, Li N. Effect of polymorphism of AlO on the synthesis of magnesium aluminate spinel [J]. Ceramics International, 2005, 31 (4): 583 ~ 589.

[19] Yu Y, Ruan Y Z, Wu R P. Studies on the influence of sintering temperature on crystalline structure of Mg – Al spinel synthesized by waste aluminum slag [J]. Chinese Journal of Structure Chemical, 2007, 26 (6): 727 ~ 731.

[20] Yu Y, Wu R P, Ruan Y Z, et al. Research of high temperature crystalline structure and property evolution of magnesium alumimate spinel [J]. Chinese Journal of Structure Chemical, 2008, 27 (4): 426 ~ 430.

[21] Alvarez F J, Pasquevich D M, Bohé A E. Formation of magneisum spinel in the presence of LiCl [J]. Journal of Materials Science, 2005, 40 (5): 1193 ~ 1200.

[22] 于岩, 阮玉忠, 吴任平. 氧化钛对铝厂污泥合成的镁铝尖晶石晶相结构的影响 [J]. 硅酸盐学报, 2007, 35 (3): 385 ~ 388.

[23] 于岩, 阮玉忠, 吴任平. 铝厂污泥合成镁铝尖晶石的结构和性能 [J]. 硅酸盐学报, 2008, 36 (2): 233 ~ 236.

[24] Lodha R, Oprea G, Troczynski T. Role of Ti^{4+} and Sn^{4+} ions in spinel formation and reactive sintering of magnesia – rich ceramics [J]. Ceramics International, 2011, 37 (2): 465 ~ 470.

[25] Zheng Y H, Ruan Y Z, Yu Y, et al. Influence of Fe$_2$O$_3$ and V$_2$O$_5$ on crystalline structure of Mg – Al spinel synthesized by waste aluminum slag [J]. Chinese Journal of Structure Chemical, 2007, 26 (6): 659 ~ 663.

[26] Wu R P, Yu Y, Ruan Y Z, et al. Influence of Cr$_2$O$_3$ on the structure and property of Mg – Al spinel synthesized by waste slag in Aluminum factory [J]. Chinese Journal of Structure Chemical, 2007, 26 (12): 1455 ~ 1460.

[27] 李楠. 耐火材料学 [M]. 北京: 冶金工业出版社, 2010.

[28] 李红霞. 耐火材料手册 [M]. 北京: 冶金工业出版社, 2007.

[29] 陈树江, 田凤仁, 李国华, 等, 相图分析及应用 [M]. 北京: 冶金工业出版社, 2007.

[30] 辛剑, 王慧龙. 高等无机化学 [M]. 北京: 高等教育出版社, 2010.

[31] 姜茂发, 孙丽枫, 于景坤. 镁铝尖晶石质耐火材料的开发与应用 [J].

工业加热, 2005, 34 (2): 56~59.

[32] Banerjee A, Das S, Misra S, et al. Structural analysis on spinel (MgAl$_2$O$_4$) for application in spinel – bonded castables [J]. Ceramics International, 2009, 35 (1): 381~390.

[33] 高里存, 张强. 镁铝尖晶石和铬矿对镁质浇注料烧结的影响 [J]. 耐火材料, 2007, 41 (1): 54~58.

[34] 何捷, 林理彬, 王鹏, 等. MgAl$_2$O$_4$透明陶瓷电子辐照及退火效应 [J]. 微电子学, 2001, 31 (4): 279~291.

[35] 姜瑞霞, 谢在库, 张成芳, 等. 镁铝尖晶石的制备及在催化反应中的应用 [J]. 工业催化, 2003, 1 (11): 47~51.

[36] 任彦瑾, 施力. 镁铝尖晶石的制备及其催化降烯烃性能研究 [J]. 无机盐工业, 2008, 40 (1): 17~19.

[37] 任彦瑾, 施力. 铈、铌改性镁铝尖晶石作为催化降烯烃助剂的研究 [J]. 中国稀土学报, 2008, 26 (1): 1~5.

[38] 李祯, 雷牧云, 娄载亮, 等. 非化学计量比镁铝尖晶石透明陶瓷的制备及性能 [J]. 硅酸盐通报, 2011, 30 (4): 891~894.

[39] 黄存兵, 魏春兰, 卢铁城. 非化学配比对Mg$_{(1-3x)}$Al$_{(2-2x)}$O$_4$尖晶石透明陶瓷显微结构的影响 [J]. 硅酸盐通报, 2010, 29 (1): 121~125.

[40] 王修慧, 刘炜, 张洋, 等. 凝胶固相法制备高纯镁铝尖晶石纳米粉体 [J]. 大连铁道学院学报, 2006, 27 (2): 77~79.

[41] 吴义权, 张玉峰. 镁铝尖晶石超微粉的制备方法 [J]. 材料导报, 2000, 14 (4): 41~43.

[42] 杨蕊, 沈上越, 沈强, 等. 化学共沉淀法制备Mg$_{0.3}$Al$_{1.4}$Ti$_{1.3}$O$_5$复合粉体的反应过程 [J]. 硅酸盐学报, 2005, 33 (6): 736~740.

[43] 袁颖, 张树人, 游文南. 铝单醇盐Sol – Gel法合成镁铝尖晶石纳米粉及烧结行文的研究 [J]. 无机材料学报, 2004, 19 (4): 755~760.

[44] 李军, 周晓奇, 宋志安, 等. 水热法制备镁铝尖晶石载体 [J]. 工业催化, 2003, 11 (10): 44~49.

[45] 刘旭霞, 范立明, 陈洁瑢, 等. 水热合成法制备镁铝尖晶石工业条件研究 [J]. 工业催化, 2008, 16 (8): 18~22.

[46] 李阳, 李伟坚, 庄迎, 等. 超细镁铝尖晶石粉体制备及表征 [J]. 过程工程学报, 2009, 29 (增刊1): 177~180.

[47] 马北越, 徐建平, 陈敏. 镁铝尖晶石质耐火材料的合成 [J]. 材料与冶金学报, 2005, 4 (4): 269~271.

［48］李维翰，尚红霞．轻烧氧化镁粉活性测定的方法［J］．硅酸盐通报，1987，6（6）：45～51.

［49］Ermolin Y N, Ryzhenkov N A, Umantes V N, et al. Ways of improving extraction and ore – perparation processes at the kirgiteisk magnesite deposites［J］. Refractories and Industrial Ceramics, 1984, 25（3－4）：165～169.

［50］Bron V A, Savchenko Y I, Shchetnikova I L, et al. Decomposition of magnesite during Heating［J］. Refractories and Industrial Ceramics, 1973, 14（3－4）：185～187.

［51］Tajafyhu N, Fujino K, Nagai T. Decarbonation reaction of magnesite in subducting slabs at the lower mantle［J］. Physics and Chemical of Minerals, 2006, 33：651～654.

［52］罗旭东，曲殿利，张国栋．二氧化钛对菱镁矿风化石制备镁铝尖晶石组成结构的影响［J］．硅酸盐通报，2011，30（5）：1151～1154.

［53］罗旭东，曲殿利，张国栋．二氧化锆对低品位菱镁矿制备镁铝尖晶石材料组成结构的影响［J］．硅酸盐通报，2012，31（1）：162～170.

［54］杨春生，陈建华．氧化铈和氧化镧在汽车尾气净化催化剂中的应用［J］．中国稀土学报，2003，21（2）：129～132.

［55］杨秋红，曾智江，徐军，等．La_2O_3对氧化铝透明陶瓷显微结构和透光性能的影响［J］．中国稀土学报，2005，23（6）：713～716.

［56］吕杰，张立同，成来飞，等．La_2O_3 － Y_2O_3自增韧氮化硅的相转变与晶体生长［J］．中国稀土学报，1997，15（4）：371～374.

［57］罗旭东，曲殿利，张国栋．氧化镧对菱镁矿风化石制备镁铝尖晶石材料组成结构的影响［J］．稀土，2012，33（4）：59～63.

［58］柳召刚，李梅，史振学，等．碳酸盐沉淀法制备超细氧化铈的研究［J］．稀土，2010，31（6）：27～31.

［59］涂安斌，张越非，张美，等．超重力场反应器制备二氧化铈细粉体［J］．稀土，2009，30（1）：1～5.

［60］徐志高，李中军，黄凌云，等．撞击流反应制备CeO_2超细粉体［J］．稀土，2006，27（5）：1～6.

［61］罗旭东，曲殿利，张国栋，等．氧化铈对菱镁矿风化石制备镁铝尖晶石材料组成结构的影响［J］．非金属矿，2011，34（6）：15～18.

［62］陈树江，田凤仁，李国华，等．相图分析及应用［M］．北京：冶金工业出版社，2007.

［63］王晓红，高险峰．镁橄榄石砖在玻璃窑中的开发应用［J］．硅酸盐通报，

1997，16（1）：77～79.

［64］陈炎.适用于镁橄榄石绝热板的保护渣［J］.钢铁研究，1995，1（1）：9～12.

［65］陈淑英.镁橄榄石砂（粉）在高锰钢件消失模铸造生产中的应用［J］.铸造技术，2000，（2）：5，6.

［66］程兆侃，任德和，张用宾，等.优质镁橄榄石砖［J］.硅酸盐通报，1997，16（1）：25～30.

［67］Kosanović C, Stubičar N, Tomašić N, et al. Synthesis of a forsterite powder by combined ball milling and thermal treatment［J］. Journal of Alloys and Compounds, 2005, 389（1 - 2）：306～309.

［68］Okada K, Ikawa F, Isobe T, et al. Low temperature preparation and machinability of porous ceramics from talc and foamed glass particles［J］. Journal of the European Ceramic Society, 2009, 29（6）：1047～1052.

［69］Liu S, Zeng Y - p, Jiang D. Effects of CeO_2 addition on the properties of cordierite - bonded porous SiC ceramics［J］. Journal of the European Ceramic Society, 2009, 29（9）：1795～1802.

［70］Shi Z M, Liang K M, Gu S R. Effects of CeO_2 on phase transformation towards cordierite in $MgO - Al_2O_3 - SiO_2$ system［J］. Materials Letters, 2001, 51（1）：68～72.

［71］Yao Y J, T. Q. Effects of Behaviors of Aluminum Nitride Ceramics with Rare Earth Oxide Additives［J］. Journal of Rare Earths, 2007, 25（suppl.）：58～63.

［72］陈修芳，张旭东.MgO 与 SiO_2 的冲击压缩反应［J］.武汉工业学院学报，2006，25（1）：111～114.

［73］Saberi A, Negahdari Z, Alinejad B, et al. Synthesis and characterization of nanocrystalline forsterite through citrate - nitrate route［J］. Ceramics International, 2009, 35（4）：1705～1708.

［74］Sanosh K P, Balakrishnan A, Francis L, et al. Sol - gel synthesis of forsterite nanopowders with narrow particle size distribution［J］. Journal of Alloys and Compounds, 2010, 495（1）：113～115.

［75］Tavangarian F, Emadi R. Synthesis and characterization of spinel - forsterite nanocomposites［J］. Ceramics International, 2011, 37（7）：2543～2548.

［76］Kharaziha M, Fathi M H. Synthesis and characterization of bioactive forsterite nanopowder［J］. Ceramics International, 2009, 35（6）：2449～2454.

[77] Ni S, Chou L, Chang J. Preparation and characterization of forsterite （Mg_2SiO_4） bioceramics [J]. Ceramics International, 2007, 33 (1): 83 ~88.

[78] Tavangarian F, Emadi R, Shafyei A. Influence of mechanical activation and thermal treatment time on nanoparticle forsterite formation mechanism [J]. Powder Technology, 2010, 198 (3): 412 ~416.

[79] Mustafa E, Khalil N, Gamal A. Sintering and microstructure of spinel – forsterite bodies [J]. Ceramics International, 2002, 28 (6): 663 ~667.

[80] Berry A, Walker A, Hermann J, et al. Titanium substitution mechanisms in forsterite [J]. Chemical Geology, 2007, 242 (1 – 2): 176 ~186.

[81] 徐建峰, 石干, 马明军. MgO 加入量和煅烧温度对镁橄榄石材料相组成的影响 [J]. 耐火材料, 2008, 42 (5): 354 ~361.

[82] 邓承继, 卫迎锋, 祝洪喜, 等. MgO 加入量和烧成温度对镁橄榄石材料物相组成和性能的影响 [J]. 武汉科技大学学报, 2010, 33 (4): 381 ~382.

[83] Shi Z M, Bai X, Wang X F. Ce^{4+} – modified cordierite ceramics [J]. Ceramics International, 2006, 32 (6): 723 ~726.

[84] Shi Z M, Pan F, Liu D Y, et al. Effect of Ce^{4+} – modified amorphous SiO_2 on phase transformation towards a – Cordierite [J]. Materials Letters, 2002, 57 (2): 409 ~413.

[85] Walker A M, Woodley S M, Slater B, et al. A computational study of magnesium point defects and diffusion in forsterite [J]. Physics of the Earth and Planetary Interiors, 2009, 172 (1 –2): 20 ~27.

[86] 罗旭东, 曲殿利, 张国栋, 等. Al_2O_3 对低品位菱镁矿与天然硅石合成制备镁橄榄石的影响 [J]. 人工晶体学报, 2012, 41 (2): 496 ~500.

[87] 罗旭东, 曲殿利, 张国栋, 等. 氧化铬对镁橄榄石材料结构及性能的影响 [J]. 材料热处理学报, 2013, 34 (1): 21 ~25.

[88] 罗旭东, 曲殿利, 谢志鹏. La^{3+}、Ce^{4+} 对制备堇青石材料晶相转变及烧结性能的影响 [J]. 中国稀土学报, 2013, 31 (2): 203 ~210.

[89] 罗旭东, 曲殿利, 张国栋, 等. 氧化锆对低品位菱镁矿制备镁橄榄石的影响 [J]. 无机盐工业, 2013, 45 (6): 11 ~14.

[90] Сюйдун Л, Дианьли Ц, Чжипэн С, et al. ВЛИЯНИЕ CeO_2 НА КРИСТАЛЛИЧЕСКУЮ СТРУКТУРУ ФОРСТЕРИТА, СИНТЕЗИРОВАННОГО ИЗ НИЗКОСОРТНОГО МАГНЕЗИТА [J]. Новые огнеупоры, 2013, (7): 34 ~38.

[91] 张巍，韩亚苓，潘斌斌. 堇青石的合成工艺研究及结构特征 [J]. 陶瓷学报，2008，29（1）：19~23.

[92] Ozel E, Kurama S. Effect of the processing on the production of cordierite - mullite composite [J]. Ceramics International, 2010, 36 (3): 1033~1039.

[93] 赵军，王宏联，薛群虎，等. 煤系高岭土合成堇青石工艺研究 [J]. 非金属矿，2007，30（1）：17~19.

[94] Banjuraizah J, Mohamad H, Ahmad Z A. Thermal expansion coefficient and dielectric properties of non - stoichiometric cordierite compositions with excess MgO mole ratio synthesized from mainly kaolin and talc by the glass crystallization method [J]. Journal of Alloys and Compounds, 2010, 494 (1 - 2): 256~260.

[95] Acimovic Z, Pavlovic L, Trumbulovic L, et al. Synthesis and characterization of the cordierite ceramics from nonstandard raw materials for application in foundry [J]. Materials Letters, 2003, 57 (18): 2651~2656.

[96] 刘晓芳，徐庆，陈文，等. Ti^{4+} 固溶堇青石的制备、结构和红外辐射性能的研究 [J]. 功能材料，2005，36（3）：383~386.

[97] Bejjaoui R, Benhammou A, Nibou L, et al. Synthesis and characterization of cordierite ceramic from Moroccan stevensite and andalusite [J]. Applied Clay Science, 2010, 49 (3): 336~340.

[98] Kobayashi Y, Sumi K, Kato E. Preparation of dense cordierite ceramics from magnesium compounds and kaolinite without additives [J]. Ceramics International, 2000, 26 (7): 737~743.

[99] 白佳海. 碳化硅 - 堇青石多孔陶瓷的制备及其性能 [J]. 耐火材料，2006，40（4）：291~293.

[100] Zhou J - E, Dong Y, Hampshire S, et al. Utilization of sepiolite in the synthesis of porous cordierite ceramics [J]. Applied Clay Science, 2011, 52 (3): 328~332.

[101] Naskar M K, Chatterjee M. A novel process for the synthesis of cordierite ($Mg_2Al_4Si_5O_{18}$) powders from rice husk ash and other sources of silica and their comparative study [J]. Journal of the European Ceramic Society, 2004, 24 (13): 3499~3508.

[102] Wu W Q, Ruan Y Z, Yu Y. Influence of Fe_2O_3 impurity on the crystallines structure of cordierite synthesized from waste aluminum slag [J]. Chinese Journal of Structure Chemical, 2005, 24 (5): 483~487.

[103] Wu X L, Wang F, Ren Q. Studies on the structure and properties of cordierite synthesized by talc – magnesite [J]. Chinese Journal of Structure Chemical, 2007, 26 (6): 732~736.

[104] Ruan Y Z, Wu R P, Yu Y. Influence of TiO₂ impurity on the crystalline structure of cordierite synthesized from aluminum slag [J]. Chinese Journal of Structure Chemical, 2005, 24 (5): 596~600.

[105] 刘永杰, 孙杰璟, 王英姿. 堇青石材料的应用 [J]. 山东冶金, 2002, 24 (3): 34~36.

[106] 徐晓帆, 吴建锋, 孙淑珍, 等. 用累托石和滑石粉合成堇青石的研究 [J]. 硅酸盐学报, 2002, 30 (5): 594~596.

[107] 曾令可, 李得家, 刘艳春, 等. 片状结构堇青石粉体制备的研究 [J]. 人工晶体学报, 2009, 28 (1): 138~142.

[108] 何英, 郭俊明, 刘贵阳, 等. 氧化铋对低温燃烧合成堇青石粉相变和烧结性能的影响 [J]. 西安交通大学学报, 2011, 45 (1): 132~136.

[109] Goren R, Ozgur C, Gocmez H. The preparation of cordierite from talc, fly ash, fused silica and alumina mixtures [J]. Ceramics International, 2006, 32 (1): 53~56.

[110] 李萍, 杜永娟, 俞浩, 等. 锂辉石与氧化锆对堇青石陶瓷热膨胀率的影响 [J]. 耐火材料, 2003, 37 (3): 139~141.

[111] 孙晓霞, 张建, 曾国辉. 合成堇青石研究 [J]. 陶瓷, 2005, (7): 22~24.

[112] 曾国辉. 添加剂对合成堇青石的影响 [J]. 佛山陶瓷, 2006, (4): 9~11.

[113] 刘靖轩, 薛群虎, 周永生, 等. 添加 Li₂CO₃ 和 BaCO₃ 对合成堇青石性能的影响 [J]. 耐火材料, 2007, 41 (6): 421~423.

[114] 田雨霖. 低温合成堇青石 [J]. 耐火材料, 1995, 29 (4): 199~201.

[115] 于岩, 阮玉忠, 吴任平. K₂O 杂质对铝型材厂工业废渣合成的堇青石材料晶相结构的影响 [J]. 材料科学与工艺, 2008, 16 (1): 125~127.

[116] 郭伟, 陆洪彬, 冯春霞, 等. 以稻壳为硅源和成孔剂合成多孔堇青石陶瓷的研究 [J]. 硅酸盐通报, 2011, 30 (2): 431~434.

[117] Guo W, Lu H, Feng C. Influence of La₂O₃ on preparation and performance of porous cordierite from rice husk [J]. Journal of Rare Earths, 2010, 28 (4): 614~617.

[118] 郭伟, 陆洪彬, 冯春霞, 等. Nd₂O₃ 对以稻壳合成多孔堇青石陶瓷的影

响［J］. 人工晶体学报，2010，39（4）：1025～1029.

［119］罗旭东，曲殿利，张国栋. 氧化铬对菱镁矿风化石制备堇青石材料的影响［J］. 硅酸盐通报，2012，31（1）：71～74.

［120］罗旭东，曲殿利，张国栋. Eu^{3+}、Dy^{3+} 和 Er^{3+} 对制备堇青石晶相转变的对比表征［J］. 复合材料学报，2013，30（4）：148～155.

［121］罗旭东，曲殿利，张国栋，等. Zr^{4+} 对固相反应制备堇青石材料晶相转变的影响［J］. 无机化学学报，2012，28（4）：745～750.

［122］Xudong L，Dianli Q，Guodong Z，et al. Structure characterization of Mg – Al spinel synthesized from industrial waste［J］. Advanced Materials Research，2011，295～297：148～151.

［123］罗绍鸣. 铝型材行业表面处理生产过程中"典型工业固体废物"的调查［J］. 广东化工，2010，37（6）：113～115.

［124］付志强. 铝型材表面碱蚀处理废渣的回收利用［J］. 有色金属加工，2002，31（5）：40，41.

［125］Yu Y，Ruan Y Z，Du Y H，et al. Influence of Impurity Na_2O on Crystalline Structure of Cordierite Synthesized from Aluminum Sludge［J］. Chinese Journal of Structure Chemical，2005，24（1）：29～34.

［126］Zeng J X，Ruan Y Z，Chen Y R，et al. Effect of Na_2SiF_6 on Preparing Mullite Material with Sluge from the Aluminum Profile Factory and Pyrophyllite［J］. Chinese Journal of Structure Chemical，2010，29（10）：1562～1566.

［127］刘艳春，曾令可，祝杰，等. 利用铝废渣制备片状堇青石的影响因素研究［J］. 分析检测学报，2010，29（7）：663～668.

［128］Yu Y，Ruan Y Z，Wu R P. Studies on the Influence of Sintering Temperature on Crystalline Structures of Mg – Al Spinel Synthesized by Waste Aluminum Slag［J］. Chinese Journal of Structure Chemical，2007，26（6）：727～731.

［129］Shen Y，Ruan Y Z，Yu Y. Effect of Calcining Temperature and Holding Time on the Synthesis of Aluminum Titanate［J］. Chinese Journal of Structure Chemical，2009，28（2）：228～234.

［130］陈捷，阮玉忠，沈阳，等. 利用铝型材厂污泥制备自结合钛酸铝/莫来石复相材料［J］. 硅酸盐通报，2009，28（4）：692～696.

［131］张小琴，唐维学，林义民，等. 铝型材废渣综合利用技术研究进展［J］. 材料研究与应用，2008，2（4）：332～335.

［132］Xudong L，Dianli Q，Guodong Z，et al. Characterization of Mg – Al spinel synthesized with Alkali corrosion slag from aluminum profile fractory [J]. Applied Mechanics and Materials, 2011, 71~78: 5054~5057.

[133] 王文虎, 李冰, 孟显祖, 等. 工业铝粉 (AD 粉) 在炼钢生产中应用与分析 [J]. 河南冶金, 2010, 18 (6): 43~45.

[134] 钟鑫宇, 罗旭东, 曲殿利, 等. 低品位菱镁矿与工业铝灰制备镁铝尖晶石 [J]. 无机盐工业, 2012, 44 (12): 32~35.

[135] 王闯, 罗旭东, 曲殿利, 等. 低品位菱镁矿与硅石制备镁橄榄石的研究 [J]. 无机盐工业, 2012, 44 (9): 48~50.

[136] 罗旭东, 曲殿利, 张国栋, 等. 菱镁矿风化石与叶蜡石合成堇青石的结构表征 [J]. 无机化学学报, 2011, 27 (3): 434~438.

冶金工业出版社部分图书推荐